JN120289

埼玉の里川

都幾川の生きものたち

魚類・両生類・爬虫類の自然誌

斉藤裕也　藤田宏之

まつやま書房

はじめに

荒川水系の都幾川・槻川流域は都市近郊の川ながら里山的環境を有した数少ない川のひとつである。水源となる堂平山や笠山などは都心の高層ビル群から、関東平野の西にある山々の北西端に見ることができる距離にある。これらの山は流域の多くの場所からも常に見ることができるシンボリックな存在である。最高峰は堂平山の標高 875.8m であり、900m に達しない山々でありながらも多様な自然があり、ブナ、ミズナラ、カシワなど山地帯を構成する樹種も存在している。最下流の川島町には標高 10m ほどの低地があり、35km ほどの川に用水路網や河跡湖もあり、まるで箱庭のように多様な環境が存在している里の川である。水源の山から幾本もの支流を合わせながら蛇行して流れる都幾川・槻川は、私たちのフィールドとして欠かせない魅力を持っている。

本書は都幾川流域の多様な水に関わる生物を紹介することを目的とした。また、貴重な生物が生息する事を知って頂く機会にしたいとも考えた。しかし、貴重な生物の生息場を明らかにすることは、これらの種にさらなる採取圧が加わる可能性が高く、個体数の少ない種にとっては生息の危機を招きかねないと判断して、具体的な生息地の記述は控える事にした。御理解頂きたい。

著者ら

新東松山橋から見た都幾川の景観
中央遠くに笠山、その左に堂平山が見える

都幾川・槻川流域の概説

埼玉県は西に高い山々があり、これらの山は東に向かって低くなり、さらに丘陵地帯から平野となっていく。都幾川流域も西に高く東へ向かうにつれて低く、埼玉のまん中にあってその縮図のような形態であり、埼玉唯一の村である東秩父村も流域内であり、里山的環境を最も多様に有する地域のひとつである。

堂平山や大野峠など山地帯（標高 800m 以上）の山々から流れ出る小さな水流が沢となり、いくつかの沢が合わさってしだいに渓流として形を整えて流れとなっていく。これらの山々からの流れは都幾川となってときがわ町を主に東に流れ、低山帯（標高 200 ～ 800m）から台地・丘陵帯（標高 50 ～ 200m）を流れ嵐山町菅谷で槻川が合流し、さらに東に流れて低地帯（標高 50m 以下）の東松山市南部を貫流して川島町で越辺川へと合流する。一方、堂平山の北に接する笠山からは槻川が東秩父村と小川町を流れる。この槻川の流路が少し長いので、傾斜が緩い川となっている。都幾川の主な支流は氷川や雀川（ときがわ町）、前川（嵐山町）などがあり、槻川の主な支流は館川や兜川（小川町）がある。

都幾川・槻川流域は、埼玉県下で残された自然環境が身近に親しめる流域として貴重な存在となっている。秩父に至る手前の外秩父山地は奥武蔵とも呼ばれ、水源は標高 1,000m に満たない山々から発して流れの規模は小さいものの、都幾川は水質も比較的良好であり、そこにはまだ多様な生物が生息している。この流域は都心から近いにも関わらず里山的環境が残り、人と自然との距離が近い。流域の特徴として河川の蛇行区間が比較的多く残され、堤防が築かれた場所が少ないことと、砂防目的の砂防堰堤や農業用水の取水施設としての取水堰が多いことがあげられる。

また丘陵部の谷津の奥には小規模なため池などはあるものの、自然の湖や大きな池などは無く、人工的な貯水池も大きなものは造られていない。ときがわ町大野に計画された大野ダムも建設されず、そのまま河川環境を残している。流域の河川環境としては、標高 600m 付近より始

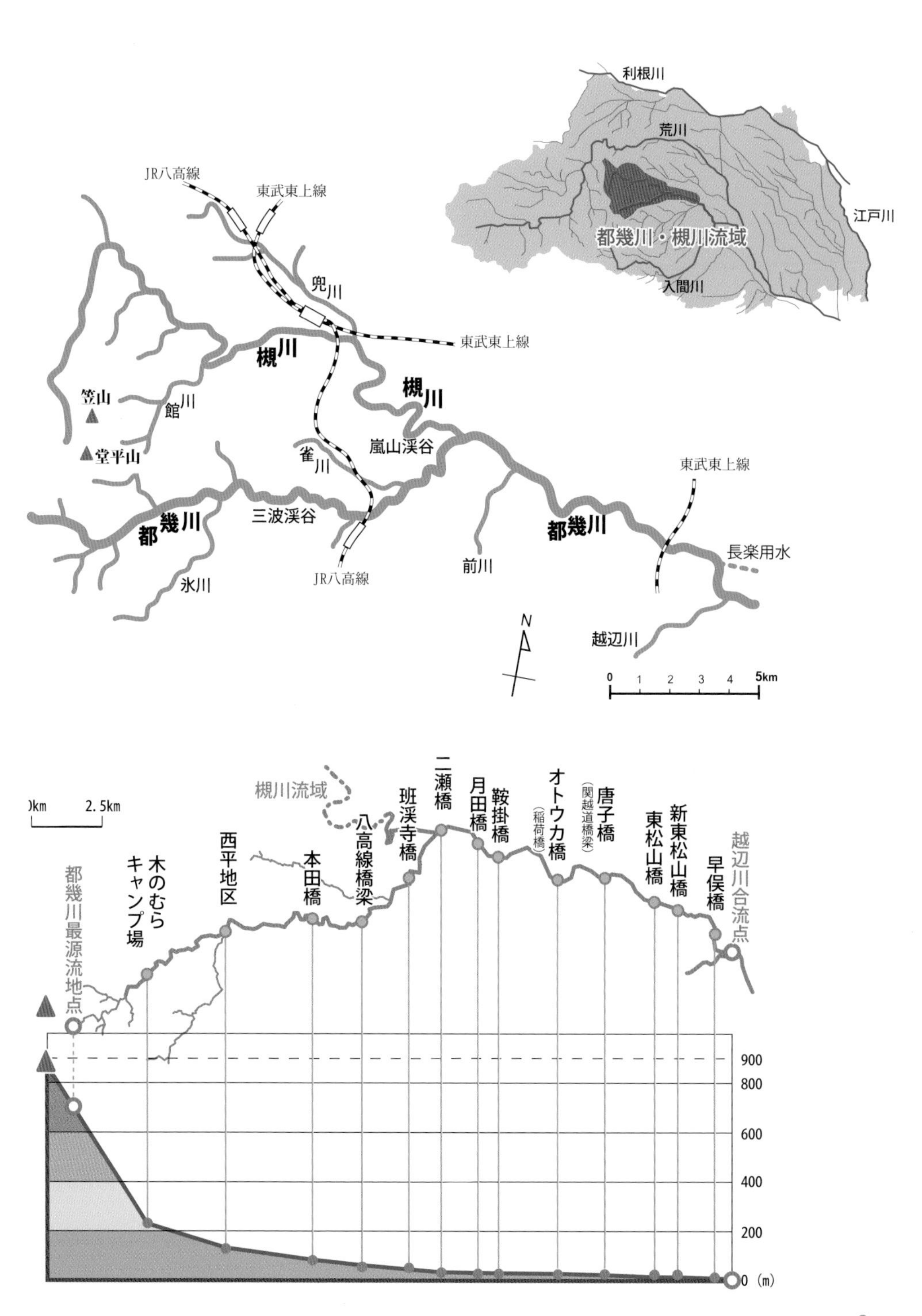

利根川
荒川
江戸川
都幾川・槻川流域
入間川
JR八高線
東武東上線
兜川
東武東上線
槻川
笠山
館川
槻川
堂平山
雀川
嵐山渓谷
東武東上線
三波渓谷
都幾川
都幾川
長楽用水
JR八高線
前川
氷川
越辺川
N
0 1 2 3 4 5km
0km 2.5km
槻川流域
都幾川最源流地点
木のむらキャンプ場
西平地区
本田橋
八高線橋梁
班渓寺橋
二瀬橋
月田橋
鞍掛橋
オトウカ橋（稲荷橋）
唐子橋（関越道橋梁）
東松山橋
新東松山橋
早俣橋
越辺川合流点
900
800
600
400
200
0（m）

A. 外ノ川の滝（ときがわ町）

B. 上流域の様子・砂防堰堤（ときがわ町）

C. 渓流域・都幾川橋付近（ときがわ町）

D. 関根堰（ときがわ町）

E. 新玉川橋付近（ときがわ町）

F. 学校橋（嵐山町）

G. 早俣橋付近（東松山市）

H. 長楽用水の分水口（川島町）

まる渓流河川には砂防目的の堰堤が多く、三波渓谷や嵐山渓谷など中流域の渓谷が特に護岸工事などが行われずに比較的広く残っている。その下流には瀬と渕が交互に見られる蛇行区間があるが、さらに下流は護岸されて堤防に囲まれている。河跡湖は痕跡として東武東上線鉄橋の近くに残る程度で、あとは堤防に取り囲まれた直線に近い河川となって越辺川へと合流する。この最下流は荒川低地であり川島町を広く潤す長楽用水などの用水網もあり、その下流には鳥羽井沼などがある。大きな止水域は存在しないものの、砂防堰堤上や取水施設の上流側に小さな止水域が流域に点在している。水域と周辺の水田や農業用水路の形状も、近年のコンクリートで固められた最新の施設が少なく、土や石積みの構造物によって構成されており、河川と周辺の耕作地、背後の山林を隔てる強固な構造物が少なく、水域と周辺の植生との間に連続性を持つ里山的環境があることが､流域の生物相が比較的良好に残っている要因と言える。

現在の都幾川は、流域に多く存在する砂防堰堤によって土砂供給の減少が起き、川床の砂が減って礫や岩のみが残り、砂底や小礫に依存する種にとっては生息しにくい河川へと変わりつつある。また、河川にある農業用水の取水施設は遡上する魚の障害となり、堰の下流では取水によって流量が減少して、瀬切れ現象（川に水が無くなる事）が発生している。もともと埼玉県西部は西側に山地があって降雨量が豊富な地域ではない。そのため、農業用水の確保のために取水堰が多く造られ、用水路が整備されるとともに谷津の奥には溜池も造られた背景がある。水に関する施設が最新の強固なものでなく、何十年も使われた施設が継続的に管理されている事により、多様な生物が生息できる場として成立しているのが都幾川･槻川流域である。

◆魚類各部名称①
（図解例：サケ科）

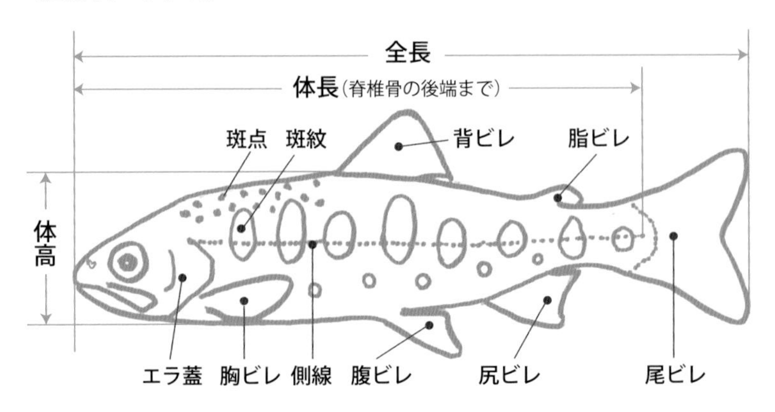

◆魚類各部名称②
（図解例：ハゼ科）

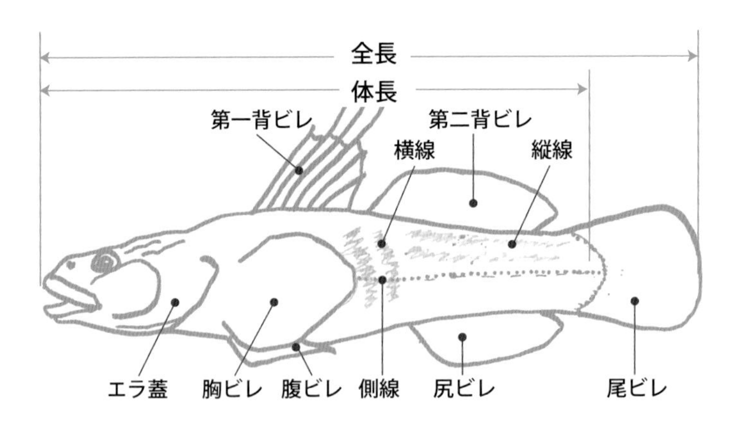

※文中の魚の大きさは全長を用いる

◆両生類各部名称①

（図解例：ニホンアマガエル）

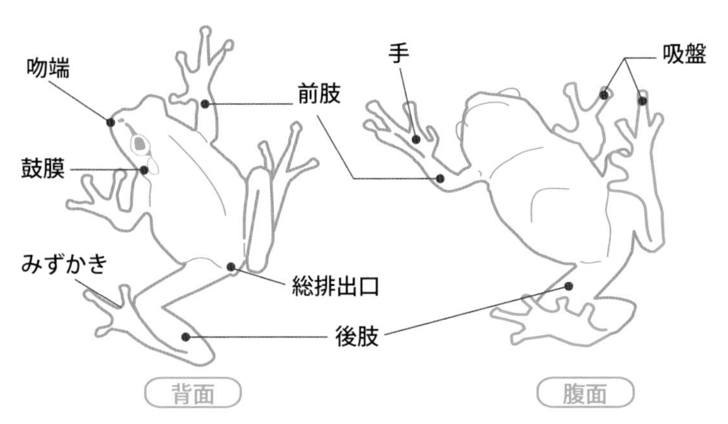

松井・関（2016）を参考に作図

◆両生類各部名称②

（図解例：サンショウウオ・イモリ）

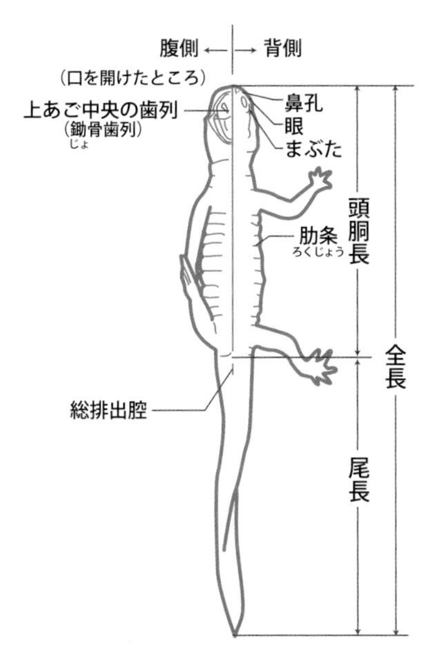

千石ほか（1996）を参考に作図

◆爬虫類各部名称

（図解例：ヘビ類 頭部）

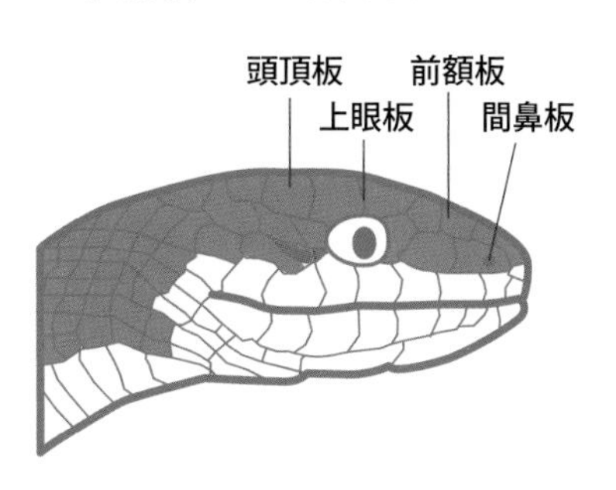

魚類

両生類

爬虫類

COLUMN

魚類コラム

両生類コラム

爬虫類コラム

魚類

サケ科イワナ属

ニッコウイワナ（イワナ）

学名：*Salvelinus leucomaenis pluvius*

最上流の限られた範囲だけに生息している。県内では秩父地方の標高2,000m級の山からの渓流に広く生息するが、前秩父山地では水源の山が1,000m以下と高くないので、冷水を必要とする本種にとっては極めて限られた場所にしか生息適地は成立しない。ときがわ町内の限られた沢にのみ生息地があり、槻川にはない。都幾川の属する入間川水系では名栗川流域の幾つかの沢には古くから生息が知られている。ここのイワナはニッコウイワナと呼ばれる橙色斑点を持つもので、腹部が橙色になる。名栗川に次いで都幾川流域に生息適地があり、橙色斑点を持つニッコウイワナの生息がみられるものの、従来から生息していた個体か判然としない。調査を始めた1980年代以降、継続的に生息が見られる場所が複数ある。

生息地はヤマメより上流の河川最上流域の渓流が主で、食性は肉食性で水生、陸生の昆虫が多く、冬〜春は水生昆虫主体だが夏は陸生の物が多くなる。時には両生類（サンショウウオ）や甲殻類（サワガニ）も捕食することがある。水域は都幾川流域ではいずれも最上流域の水量の限

腹部に橙色斑点の現れた小型個体（15cmほど）

られた場所で、落差のある場所の渕に生息している。小型個体は小さな渕に、大型個体は大きな渕の最も流れの集まる所や隠れる場所の近くに定位して餌を探している。驚くと隠れ場の奥に入り、なかなか姿を見せない。体側にはヤマメと同様にパーマークと呼ばれる楕円形の斑紋があるが、それとともに淡色の丸く抜けた小斑点がある。この淡色の斑点の腹側のものは成熟が進むにつれて橙色になる。

渓流釣りの対象魚として、野生味のある姿から人気のある魚である。大きさは都幾川の場合、20 ㎝あれば良型である。なお、越辺川流域にもイワナが生息することが知られるが、ここの個体は白斑のみの個体でエゾイワナと呼ばれるイワナで、在来のものでないことは明らかである。

イワナの生息する場所は山中でいずれも沢の奥の落差のある場所で、川遊びのつもりで行くと危険である。全てが在来のものとは言い難い個体群も存在するが、いずれの生息地でも個体数は多くないので生息場所は個体群の保全を目的に記述しないこととした。

イワナの生息域には一部でヤマメが生息する以外は競争相手となる魚種はいない。餌の乏しい最上流部に生息していることからサンショウウオの捕食者となりうる。

【分布範囲】都幾川流域では最上流の複数の沢に生息する。生息する標高は 450m ～ 550m の範囲である。これより上流は渇水時には水流が途絶えることがある、魚として生息するだけの水域の広さがある範囲に生息している。

【特徴】鱗(うろこ)が細かく体側にパーマークが約 10 個ある。これに淡色の丸い小さな斑紋が加わる。さらに成長すると腹に近い場所の淡色の丸い小さな斑紋は橙色になる。小型魚のうち模様は単純で大きさとともに変化していき、大型ほど橙色の斑点が体側に多く見られるようになる。また腹部の下面も橙色に染まるように色が着いてくる。

【特記事項】ヤマメ同様 15 ㎝以下の採取は禁じられるとともに、10 月から２月一杯は産卵保護のため県条例で禁漁となっている。

サケ科サケ属

ヤマメ

学名：*Oncorhynchus masou masou*

上流域に比較的広く生息する。渓流に生息する代表的な種である。標高 250m 付近から標高 500m 付近まで生息している。

生息の場は河川上流域の渓流が主で、本流では西平付近より上流に見られる。支流では氷川、槻川の白石付近、館川などにも少数が見られる。食性は肉食性で水生、陸生の昆虫が多く、季節により冬～春は水生昆虫主体だが季節とともに陸生昆虫が多くなる。

大きさは都幾川では多くは 13 ～ 17 ㎝くらいまでの 2 年魚が主体で、20 ㎝あれば良型である。稀に 3 年魚で 30 ㎝近くにまで成長する個体がいる。

大型個体は時に小魚も捕食することがある。小型個体は浅い瀬に、大型個体は渕の最も流れの強い場所に定位して餌を探している。渓流釣りの好敵手として姿の美しさと食味の良さや釣りの難しさから人気があり、都幾川には欠くことができない魚である。漁協が稚魚や卵（発眼卵）を放流しているが自然産卵も行われている。

俊敏で釣ることも少し難しく、川遊びで手軽に獲れる魚ではない。最も容易に釣れるのは降雨後の増水して水が薄濁りの時である。生息地はいずれも水が澄んだ渓流なので、夏に水中メガネを着けて潜って観察することは比較的容易なので、姿を見たい人にはこの方法が勧められる。

体側には楕円形の 6 ～ 12 個のパーマークが並び、その模様間の腹側

早春の大型オス個体

5月頃のヤマメ稚魚

体色が異なるとともにオスは鼻先が鋭くなる　上メス　下オス

9月のヤマメ成魚

には円斑がある。この円斑は年齢とともに増える傾向がある。背には小黒点が散在しているが背ビレや尾ビレにはない。尾ビレの上縁と下縁が橙色になる。成熟したオス個体は体側が赤紫に染まる個体がいて、このような個体は二次性徴で鼻先が尖るとともに先端の歯が鉤状になって、いわゆる鼻曲がりの状態となる。

都幾川・槻川の上流部では最も存在感のある魚で、ヤマメ目当てに釣りに来る人もかなりいる。小型魚が中心だが、生息しているだけで価値のある魚だ。

産卵期は秋で10月下旬頃、渕の開きの部分の瀬にペアとなって産卵行動が見られる。ペアはほとんどの場合オスが大きい。ペアリングしている間オスはメスの後ろを絶えずガードして他のオスの侵入を防ごうとする。産卵行動はメスのみが体を寝かせて尾ビレを使って砂礫を動かしてスリ鉢型の産卵床を掘る。産卵は夕暮れ間近のような時間やうす暗い時間の事が多く、産卵後の卵（受精卵）はメスが再度上手側に産卵床を掘るような動作を行って砂礫によって埋められる。産卵後、ペアは解消されオスはすぐに去るが、メスは産卵した場所に1～2日は留まる事がある。

【分布範囲】都幾川流域では最上流からときがわ町西平付近まで、槻川では東秩父村白石などに見られる。支流では氷川と館川に生息する。最も多く生息するのは都幾川の西平と大野の間である。

【特徴】鱗が細かく体側にパーマークと呼ばれる楕円形の斑点が6～12個ある。この模様はサケ科の稚魚に共通で、小さい時は皆よく似ている。楕円形の斑点の間の腹側に丸く小さい同じ色の斑点もある。背には黒く小さい黒点も散在する。小型魚のうちは模様は単純で生長とともに腹部の丸く小さい斑点に複雑に変化していく。

【食味】塩焼きにして美味で、初夏の頃の20㎝くらいのものはなかなかであり、それ以上の大きさならば一夜干しでも美味。17㎝程度のものは天ぷらにすると白身が引き立って旨い。都幾川のヤマメを食べる機会があることは、個体数が多くないことと、なかなか釣りにくいこともあってかなりの贅沢だ。

【特記事項】15㎝以下の採取は禁じられるとともに、10月から2月一杯は産卵保護のため県条例で禁漁となっている。海に降りる型(降海型)であるサクラマスの存在は都幾川流域では知られていない。

尺ヤマメに少し足りない大型ヤマメ

COLUMN

ヤマメが生息する瀬と渕

ヤマメは西平より上流に生息している。槻川だと落合より上流だ。

都幾川の場合本流にも生息しており、短い距離ながらも本格的なヤマメ釣りができる奥武蔵地域では唯一の川だ。索餌する個体は瀬にいて、流下してくる虫を餌としている。

活発な個体は瀬に定位して流下して来る昆虫を水面近くで待ちながら泳いでいる。時にはサッと流れに乗り、流れ下りながら水面に落ちてきた虫を捕らえる。

春は水生昆虫、夏から秋は流れに落ちて来る落下昆虫が主な餌だ。ヤマメは肉食の魚なので、時には小魚も捕食する事もある。20㎝ほどのヤマメは、放流されたばかりの10㎝のアユの稚魚を捕食する事がある。

ヤマメの多い落ち込みと急瀬

渕にも渕の大きさに見合った良型のヤマメがだいたい潜んでいる。都幾川は河川規模が大きくないので大物はなかなかいない。20㎝を越えたら良型ヤマメ、25㎝を越えたら大物と言ってよいだろう。

左頁のような30cm（尺ヤマメ）に近い個体も稀にはいるのが、都幾川の素晴らしい点である。

渕の流れ込みと澄んだ水

カジカ科カジカ属

カジカ

学名：*Cottus pollux*

標高 80 m 付近から 400m まで生息する。渓流の礫の隙間に生息する種なので、礫の大きさが拳くらいの瀬で浮き石であればもっと上流や下流にも生息することがある。沈み石の場所にはほとんど生息していない。都幾川では大野から馬場付近まで、槻川では東秩父村の橋場より下流の範囲に生息するがいずれも生息密度は高くない。支流の一部にも生息している。食性は肉食性であるが川虫（水生昆虫の幼虫）に強く依存しており、ほぼ水生昆虫食である。

子供達との川遊びで見られることは多くない。それよりはもう少し上流側にいてヤマメを探して水中メガネを着けて潜ると観察することが多い。隠れることに自信があるのか、潜ってみると石の陰にいるカジカの結構近くまで寄ることができる。この習性を利用して川虫を餌として石の下に隠れるカジカを釣る方法もある。

産卵期は早春で、まだ水の冷たい３月に大きめの石をそっと持ち上げると礫の隙間にピンポン玉程度の白い卵塊をオスが守っているのを見つけることがある。この場合、そうっともとに戻してやる配慮が必要だ。かつてはこの卵を煮付けて食べたとの話や、ヤマメ釣りの餌としたとの話も聞くが、現在はカジカが多くないので卵を取る行為はぜったいにすべきでない。

カジカのオスは春めいてくると瀬の石の隙間に縄張りを作り、お腹の

大きくなったメスを導いて産卵し、その後さらに複数のメスにアプローチして時には野球ボールくらいの卵塊を作ることがある。その卵塊をオスは卵が孵化するまで守っている。全ての卵が孵化する頃にはオスは黒くてガリガリにやせてしまう。

夏には２㎝くらいの稚魚が多く見られるので、春先に孵化した個体が生長したものと思われる。川の中で見る個体は普通６～８㎝くらいで10㎝を越えれば大物である。いままでに採取した最大個体は13㎝である。カジカの類は卵の大きさによって大きな卵を産む種は一生を河川で送るが、小さい卵を産む種は孵化した稚魚が海へと下ることが知られる。都幾川の属する荒川には大きな卵（従来の大卵型）を産む種しか知られていない。

【分布範囲】都幾川流域では比較的上流に生息している。本解説中に書かれているような大きさの石で構成され、良好な生息地の瀬を構成する石は『漬けもの石』や『人の頭』大から『拳』くらいの大きさで構成され、石の間に隙間のある浮き石の場所であること。水質が良く石の大きさの条件が揃えば関東地方では高いところでは標高1000ｍの場所から低い場所では標高80ｍ程度のところまで生息している事がある。都幾川は水質が比較的良好なので、関東地方では下限に近いところまでカジカが見られる。

左 メス、腹部が大きい
右 オス

産卵期のカジカ

【特徴】鱗が無く肌はツルツルである。背から体側に褐色の模様が４個ある。腹は白い。腹ビレは左右別々である。普段は礫の隙間で動かないが、驚くと一気に泳いで逃げ去る。時には突き進む方向を間違えて岸に乗り上げることもある。

【食味】食用になり塩焼きや、カラ揚げにしてなかなか美味であるが、小型なので10尾くらいほしい。骨酒は素焼にしたものを使うが10㎝くらいの大型のものが５尾程度は必要。春先は産卵後なので痩せており不味。夏以降のふっくらと太った個体を選んで食用にする。

小型のカジカ

卵塊とやせたオス
卵塊を守るオスは黒くなり第一背ビレ上だけ白い。餌を採れないのかやせている個体がほとんどだ。

COLUMN
カジカが好む明るい瀬

カジカは都幾川・槻川の上流域に広く見られ、石や礫の隙間に生息する典型的な底生魚だ。餌の多くは水生昆虫が主で、これらの多い明るい瀬に生息する。水生昆虫はカゲロウ、カワゲラ、トビケラなどの幼虫が主体で、これらの虫は太陽光の良く届く、明るく水通しの良い瀬の石に発生するヌルとかコケと呼ばれる付着藻を主な餌としている。ヌルヌル、スベスベして、川遊びの際にこれに滑った記憶のある方もいる筈だ。アユはこの付着藻を直接餌として利用できるが、川の魚の多くは付着藻を餌とする水生昆虫と、河川周辺の木々や草から落ちて来る陸生昆虫も餌とする。ところがカジカは、餌の多くを水生昆虫に依存しているので、それらの餌生物が多く生息する太陽光の良く届く川の瀬の石の隙間を主な生活の場としている。

写真のような明るい瀬は石の隙間があって、カジカの生息密度が高い瀬であることは間違いない。

カジカの多い明るい瀬
ヤマメもこのような瀬にいる

COLUMN

浮き石とはまり石

川の瀬には色々な大きさの石がある。大きさの例えとして漬物石などと言う名称もあったが、すでに子供達には通用しない。そこで人の体にたとえて拳の大きさ、頭やスイカの大きさなどと表現するようにし、それより大きいのはランドセル、洗濯機や冷蔵庫、自家用車とかマイクロバス、大型バスなどと表現するようにしている。もっとも都幾川にはマイクロバスくらいの岩が稀にある程度で、多くは拳から頭の大きさで、時折スイカの大きさの石がある。上流に行くと洗濯機や自家用車程度の岩が一部にある。川の瀬はスイカ程度までの石で構成されている。

どの大きさの石でも川にある時は「はまり石」の状態ではいきものの生息の場としてはあまり活用されないが、石の下に空間のある「浮き石」の状態だと石の裏側まで水生昆虫が利用するし、魚も潜む場所として利用することができる。礫の隙間に生息するカジカなどは「浮き石の状態でなければ生息する空間がない。水生昆虫もカワゲラ、カゲロウ、トビケラや多くの種が、やはり礫の隙間の空間を拠り所にしている。「はまり石」の川は、川底を平面的な利用しかできないが、「浮き石」の川は川底を立体的に利用することができ、生物相の豊富さは「浮き石」の川がはるかに勝っている。

都幾川流域では最近カジカが増加傾向にあり、それは多く存在する堰堤によって流下する砂や小さな石が減り、「浮き石」の場所が増えたことに起因している。また、砂が減ることによってスナヤツメ、カマツカ(スナゴカマツカ)、シマドジョウ(ヒガシシマドジョウ)などは生息の場が減りつつあり、特にスナヤツメとカマツカの減少は顕在化している。

コイ科ヒメハヤ属

アブラハヤ

学名：*Rhynchocypris lagowskii steindachneri*

都幾川流域では最も広い範囲に生息する種のひとつで最下流から標高300m付近まで生息している。多く生息する場所は比較的上流側で渓流域が主であるものの、強い流れの中ではなく脇の緩流域にいる。渕の岩陰や大きな石が散在する場所の石裏の緩い流れの場所やアシのような草陰などによく見られる。

都幾川ではウグイとともに生息することが多く、ウグイより流速の遅い場所に見られ、渕で群れている６～10㎝程度の個体を多く見る。最大個体は16㎝を越える個体を見たことがあるが、多くは12㎝程度まで。川遊びで目にする機会が多かったり、釣れたりするのは６～８㎝程度が多く、生まれてから２年目の個体と思われる。体は鱗が細かくぬめりがあるのが特徴で、釣りあげても暴れることは少なく、だらりとぶら下がっていることが多い。

ヤマメの生息するような上流域でもアシの間や渕の淀みなどの緩流域に色々な大きさのアブラハヤが見られる。最近はウグイの減少が顕著で、それを補うように増えているようだ。今後、カワムツが増加すると生息域が重複し、どのような変化が起きるのか予測できない。

産卵期は水の温まった6月頃で緩流速の砂礫底もしくは砂泥底の場所に群れて行われる。水温の低い上流では7月に産卵することもある。婚姻色は顕著でないが、性的に成熟したメスは腹部が膨らむことと鼻先が尖ってくるので識別は容易である。動物食に近い雑食性で、釣り餌にはかなりしつこく反応するので釣りやすい。

大型のメスは鼻がのびてくる

大型のメス

【分布】 最下流からときがわ町大野付近まで、槻川では東秩父村坂本付近までと広く、他にも前川、雀川、兜川、瀬戸川、氷川、金岳川、館川、萩平川、大内沢などの支流にも生息する。都幾川流域では最も広い範囲に見られるが、数が多い場所は上流側である。

【特徴】 鱗が特に細かくて大型個体でないと見た目に鱗がわかりづらい。ぬめりは触れるとヌルッとした感じがよく解る。口は細くお腹が出ている感じが大型個体ほど明らかである。体側以外に背中線にも濃色の縦条があるので、上から見ても識別しやすい。

【食味】 食用にしたことはない。苦いとの話を聞いたことがある。ぬめりを落とし、内臓を取り出して調理すればけっして不味ではないと記述されている例もあるが、どんなものだろう……。

【特記事項】 カワムツの増加に伴い、似た環境に生息する本種は、今後の生息状況が心配される。

サケ科サケ属

ニジマス

学名：*Oncorhynchus mykiss*

都幾川流域では常に生息している水域はほとんどない。主に春から秋までの河川行事などの釣り大会や掴み取り用に放流されることがあり、いずれも短期間でほとんどの個体が釣られてしまうが、稀に冬を越して生き残る事がある。

都幾川に放流されるニジマスの多くは 20 ㎝、100g のいわゆる塩焼きサイズである。養殖された個体でこの大きさの魚は塩焼き用として周年の需要があるので、常に養殖場にストックされており注文すれば活魚車に酸素ボンベが着いた車で運ばれてくる。比較的過密に飼われているので胸ビレが欠損していたり、背ビレが伸長していなかったり、尾ビレの上下がスレており極端な場合は杓文字のような尾ビレだったりする。山間の温泉旅館などでも塩焼きになってよく食卓に登場する魚である。ニジマスの流通価格は同じ大きさのイワナ・ヤマメの半分程度である。

明治時代にアメリカから移入された外来種であり、本来の生息地で野生の個体は最大 80 ㎝まで生育する魚である。ニジマス養殖の歴史は長く、すでに 100 年近くになる。関東地方の河川ではほとんど自然繁殖しないので、放された魚が生存しているのみである。養殖場で育った魚は飼育池の緩い一定の流れで育っているので、普通の河川に放しても、放たれた場所に留まるのが精々で、上流に遡る個体はほとんどおらず、

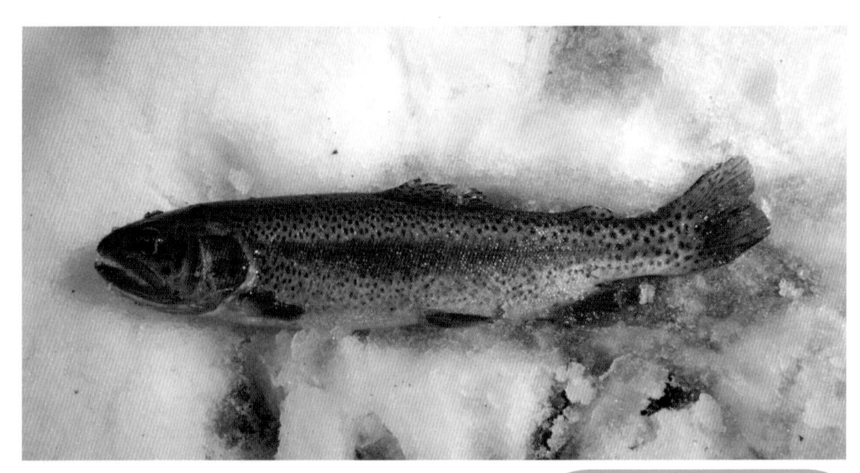

前年からの生き残りと推定される。

早春の虹色帯の明瞭な個体

多くは下流へと降ってしまうので、ニジマスを放す場合は、魚が留まりやすいように渕や淀みに放すか、それの代わりとなる溜りをあらかじめ造ってそこに放すようにしないと、放した魚は流れに耐えられず流下して消えてしまう。

　都幾川では時々、木の村キャンプ場などで放流するようで、これらの流下した個体が下流側で釣れることがある。数年前、槻川では 50 ㎝近い個体が釣れたことがあるが、これは誰かが意図的に放した個体と思われる。

よく見られる 20cm・100g 程度の個体

稚魚はパーマークがある　12cm 程の個体

【分布範囲】都幾川流域では上流から中流の一部に、放流後一時的に生息する。生息するのは放流されてから一か月程度の釣り取られるまでの間である。また、近くに釣堀があると、雨で増水した時などに排水とともに逃げ出た個体がいることがある。

【特徴】鱗が細かく体側と背ビレ、尾ビレには小黒点が散在し、体側は淡紅色の縦帯が存在する個体が多い。小型個体はヤマメ同様にパーマークが存在するので識別に注意を要する。背ビレ、尾ビレの小黒点の有無、口がヤマメ等に比較して小さいことなどが見分ける簡単なポイントである。

【食味】食用目的に養殖されている。冷たくきれいな水域で時間をかけて養殖されたものは、塩焼きなどにして美味。少し大きめの物はフライやフリッター、ムニエルなどにも良く合う。養殖場で 1 kg 以上に育てた大型個体は刺身などにもされる。近年は海で養殖され、色素を入れた餌で育てた大型個体がトラウトサーモン等の名称で流通して、切り身になり店頭で目にする機会も多い。海域での養殖個体は回転すしなどのすしだねにもサーモンと称してよく使われている。

コイ科ウグイ属

ウグイ

学名：*Tribolodon hakonensis*

都幾川流域では最も広い範囲に生息する種のひとつで最下流から標高300m 付近まで生息している場所がある。

生息場は河川中流域が主で、かつて都幾川中流域の代表的な魚であったが、中下流での減少が著しく場所によってはオイカワやカワムツ、タモロコなどに混じって獲れる程度のことも少なくない。

都幾川の中流域ではアブラハヤとともに生息することが多かったが、現在は少ない魚になりつつあることは河川中流域の環境が大きく変貌している証かもしれない。上流ではヤマメのいる水域にも生息し、瀬にヤマメが定位して渕にウグイが群れるといった具合に見られる。

最大個体は 30 ㎝以上になるが、多くは 15 ㎝程度まで。川遊びで目にする機会が多かったり、釣れたりするのは 6 ～ 10 ㎝程度が多く、生まれてから 2 年目の個体と思われる。最近は大型個体の減少が著しく 20 ㎝の個体を目にすることも稀な状況である。およそ 5 年で 30 ㎝に育つが、都幾川ではこのような大型魚は見たことがない。

鱗が細かいのが特徴で、春先の産卵期には腹部に頭から尾ビレに向

上メス　下オス

婚姻色の顕れ始めたウグイ

産卵の盛期は朱色の帯が３本ある

けて朱色の帯が顕れ、細かな石の瀬で群れて産卵する。ヤマメの生息するような上流域でも渕の淀みなどの緩流域に色々な大きさのウグイが見られる。しかし、ウグイを釣ろうとすると餌取りが巧みで以外と難しい。今後、カワムツが浸出して増加すると生息域が重複し、ウグイやアブラハヤはかなり減少するのではないかと推測される。

産卵期は水温上昇の始まる４月頃で、他のコイ科の魚より早い。産卵は緩流速の底が小礫の付着藻の付いていない場所に真黒に群れて集団で行われる。水温の低い上流では５月に産卵することもある。婚姻色は橙色から朱色の帯が顕著で、性的に成熟したメスも控えめながら朱色の帯が顕れる。大型のオスは頭部から背ビレ後方にかけて点々と青白くて目立たない追星が広い範囲に見られ、触れるとザラザラしている。

かつては中流域に多く広く生息する普通の魚であった。現在も広く生息するが生息密度はかなり低い状態である。ここまで少なくなったのはカワウによる捕食圧だけではないように思える。水質への適応力は強く酸性河川などにも唯一生息する種だったりする。動物性の餌を主体とする雑食性で、飼育環境下でもより好みせず色々なものを餌にできるので飼いやすい魚であるが、小型個体は飛び出ることが多いので対策をおこなうこと。

【分布範囲】都幾川流域では最下流からときがわ町大野付近まで、槻川では東秩父村白石近くまで見られる。多くの支流にも最下流は生息するが、中小の支流にはあまりいない。

【特徴】鱗が細かく小型個体では見た目に鱗がわかりづらい。鼻先が尖っており、大型魚になると体高と体幅が少しずつ増していく。産卵期には体側に頭から尾ビレに向けて朱色の帯が顕われ、多い個体はこの帯が三本見られる。瀬から渕の中層を遊泳しており、時には水面の虫も捕食する。

【食味】 食用にできる。寒くなる頃の 20 ㎝程度の個体は塩焼きにして美味。小型個体を焼き干しして出汁に使ったり、煮魚にしたりする。小骨があるので大型魚はそれなりの工夫が必要になる。早春期の婚姻色の現れた個体を長野ではサクラバエ、栃木ではアイソと呼び珍重するが、都幾川流域ではそれほどではないようだ。

大きいサイズのウグイ（19cm ほど）

追星状突起が頭部または背面に見られる

婚姻色の出たウグイ

COLUMN

ウグイが減っている

かつてカワウの胃の内容物調査を行ったことがある。河川の中流域で3月から5月に特別に許可を得て散弾銃によって捕獲されたものだ。カワウの体重は1.9～2.5㎏で胃の内容物は20～260gであった。カワウ1羽は1日に500gほどの魚を食べることが知られているから、決して満腹状態のカワウではなかったようだ。食べられていた魚は最も大きなものが全長22㎝（体重140g）のヘラブナで、次いで全長27㎝（体重110g）のニゴイであった。逆に最も小さいのは全長7㎝（体重4g）のオイカワだった。この調査で判明したのは、カワウは小さな魚を獲ることは得意でなく、10～30㎝のウグイのような細長い体型の魚が食べやすいようで、コイやフナなど体の高さのある魚では25㎝位が口の大きさから限界であることが類推された。カワウのような追跡型の捕食者は、魚を追うのに多くのエネルギーが必要なので、たくさんの魚を食べるのだ。体重の20～25%もの餌を必要とする訳で、サギ類のように待ち伏せ型の捕食者は、それほど多くのエネルギーは必要ない筈だ。人間に置き換えて換算してみると体重50㎏の人が1日10㎏の食べ物を食べる訳で、体重の割に大食いであることがわかる。

2000年頃からウグイの減少が著しい。ウグイは春先に瀬で群れになって産卵する習性があり、それを獲る漁（ツケバ漁）があった。瀬に直径1mほどの黒い塊が揺らめいて、ウグイが産卵の時期を今か今かと待っていた。早期は比較的大きく、しだいに獲れる魚は小さくなるので、漁をする人は獲り尽くすことなく、ある程度のところで漁をやめて小型魚は産卵させていた。今や群れとなって産卵するウグイを見る機会がほとんど無くなってしまった。捕食者のカワウが増えてから個体数は著しく減った。産卵前の冬の水量の少ない時期に、渕に群れる魚は水温の低い時期は動きも遅いので、多くはカワウに捕食されてしまう。カワウが捕食するのはウグイばかりでなく、適度な大きさの魚は全て餌とされ、川の魚全体が減少し、特にウグイの減少が顕著だったのだ。今では15㎝を越える大きさのウグイも稀な状態で、10㎝に満たないウグイが小さな群れで産卵行動を見せてくれる程度だ。ここ5年間で、都幾川で釣れた最も大きいウグイは19㎝であり、15㎝以上の個体は数尾である。もう少し大きい個体がいないかと、夏の間に川に潜って観察したが、やはり15㎝を越える個体は見ることができなかった。

ギギ科ギバチ属

ギバチ

学名：*Tachysurus tokiensis*

河川中流域に生息する種で都幾川流域では標高 200m 付近まで生息する。水の澄んだ河川の淀んだ渕や瀞、大きな礫の隙間などに昼間は潜み、主に春から秋までの夜間に活動して水生昆虫や小魚、エビなどを捕食する典型的な夜行性の肉食魚。

ナマズよりは上流側に、カジカよりは下流側に生息するが一部は重複する。最大個体は 20 ㎝以上になる。体に鱗は無く全身スベスベで背ビレの後ろ側に少し離れて大きめの脂ビレがある。尾ビレの切れ込みは浅い。上顎は下顎より出ており、眼は少し離れた場所に小さなのがある。髭は上顎には口の脇に２本と眼の内側に２本、下顎にも短いのが４本の計８本である。

抱卵して腹部の大きいメス

大型は尾ビレの
切れ込みが浅くなる

大型個体

5cm ほどの稚魚

産卵期は初夏で、その少し前にお腹の大きいメスが獲れることがある。残念ながら産卵行動は見たことはない。夏には１～３㎝の黒い稚魚が観察され、小さな稚魚は群れることがある。水質的にはきれいな水の場所に生息するが、多少濁った水のほうが活発である。降雨後の薄濁り状態の時などに数尾まとめて釣れたりする。

背ビレと胸ビレの前側の基部にしっかりとした刺を持ち、うっかり掴んで刺されるとかなり痛い。ギバチとはハチのように刺されると痛いことからついた名称である。

【分布範囲】都幾川流域では主に標高 100 m から標高 200m 付近まで生息する。ナマズとはあまり共存しないようだ。支流にも見られるが極めて狭い範囲である。常に生息するのは主に本流で、都幾川と槻川の本流筋にほぼ限られる。

【特徴】鱗が無く体側には側線が走る。髭は上顎に４本、下顎に４本の計８本ある。また、刺が背ビレに１本、左右の胸ビレに１本ずつ計３本ある。

【食味】食用にする。白身でさっぱりとしており塩焼きで美味。かば焼きも良く合うが頭が大きく食べられる量は少ない。かつて琵琶湖周辺では近縁のギギの蒲焼を売っていた。25 ㎝くらいのもの１尾が 600 円くらいであったが、食べられる量は多くないのでウナギの蒲焼よりかなり割高であった。

【特記事項】最近、長楽用水でギギが記録されている。ギバチは本来、関東から東北地方に分布しており、ギギは近畿地方以西に分布する。また、特定外来種のコウライギギも栃木・群馬県で記録され、最近埼玉県でも獲れたとの情報がある。流域の直売所ではコウライギギが販売されている。

ハゼ科ヨシノボリ属

ヨシノボリ類

学名：*Rhinogobius* spp.

都幾川流域での生息する場所は中流の瀬に生息するや下流域の用水路が主で、標高 100m 付近まで生息している場所がある。

最大でも６～７㎝程度で、河川では瀬の石の隙間や草陰などに生息して水生昆虫などを食べている。餌はほぼ動物食で水槽等で飼う場合も配合餌では無理がある。他の魚と同じ水槽で飼うと、付近の魚のヒレなどに噛みついて食べたりする。

都幾川流域に生息する４種のハゼ科の魚の中では最も多く生息し、みられる範囲も広いが決して生息密度は高いものでなく、いつでも出会える訳ではない。最も見るチャンスがあるのは夏に瀬の石陰にいる個体で、水中メガネで覗くと石の間を縫うように移動したり、巣を守る姿を見つけることができる。

繁殖は初夏の頃でオスが石の下に自らの口で小石を退けて空間を作り、そこにメスを誘導して石裏に産卵し、それが孵化するまでオスが守る習性がある。繁殖期にはオス・メスで姿が異なり、オスは第１背ビレが伸長するとともに、顔付きも頬が膨らんでいかつい顔になる。オスどうしは巣の場所やメスをめぐって闘争する。

一部、カジカと生息域が重複している場所がある。ハゼ科なので腹ビレの左右が癒合して吸板状態になっていて垂直な面などに貼り付くこともでき、本種は水槽の中ではガラス面によく垂直立ちをするし、種名もその様子をよく示している。

上メス　下オス　繁殖期に近い個体

【分布範囲】都幾川では最下流から標高 100 m程度までに多くの個体がいる。主に瀬の礫の間に生息する。

【特徴】オスの婚姻色はなかなか派手で奇麗だ。飼育するには餌が動物食なので生きた餌が必要となる。鱗は大きい。溜池などに矮小化した個体がいることがある。分類上色々議論があり定まっていない。クロダハゼも生息する可能性がある。

【食味】ハゼ科なので味は良い。近畿や琵琶湖周辺でゴリとは主にヨシノボリの類のことで佃煮（関西では飴焚き）などにされ、なかなか旨い。浮遊期のシラス状態のもの、河川遡上が始まる頃の体色が現れたものなど、大きさに応じた利用方法がある。河川で普通に見られる３～５㎝の個体もカラ揚げにしてもなかなか美味とのこと。食べて味わえるだけの量を捕まえるのが大事だ。

【特記事項】都幾川は少なくともクロダハゼ、オウミヨシノボリ、カワヨシノボリが生息しいてる。在来種と推定されるのがクロダハゼで、オウミヨシノボリは琵琶湖産アユの放流の際、放流種苗に混じっていたのではないかと思われる。カワヨシノボリについては、どのように移入されたか明らかではない。

ドジョウ科シマドジョウ属

ヒガシシマドジョウ（シマドジョウ）学名：*Cobitis* sp.BIWAE type C

都幾川流域では最も広い範囲に生息する種のひとつで、最下流から標高200m付近まで生息している場所がある。水の澄んだ河川に主に生息する種で、都幾川での生息場所は河川中流域の砂の堆積する場所が主で、都幾川中流域を代表する魚である。

都幾川では上流に向かうにつれ、砂の堆積する場所に局在して生息する傾向が強くなる。体はドジョウ同様に細長いが、ドジョウほど大きくならず、最も大型の個体でも10㎝を越えることはない。大きさはメスが大きい傾向があり、性別は胸ビレの形状で知ることができる。眼の下に刺がある。口髭は6本で上顎には4本、下顎には2本ある。体側には10個以上の円斑が並ぶ独特の模様があり、個体によってはこの円斑がつながって線状になる個体もいて、河川によって模様が異なると言われることもある。背ビレ、尾ビレにも細かな斑点状の点の模様がある。常に砂の上やその近くの物陰にいて小さな昆虫やイトミミズなどの小動物を餌とし、驚くと一瞬にして砂に潜る習性がある。

産卵期の個体

上個体の胸ビレの長いのがオス

産卵は初夏の頃で、夏には２㎝程度の楊枝の太さくらいの小さな個体が出現する。このような個体はまだ円斑ではなく線状の模様である。川遊びでも見つけやすいが、細かな網目の網でないと捕まえにくい。飼育する場合は、砂もしくは細かい小石を底面に敷いて魚が潜れるようにする必要があり、充分に酸素が入るようにすれば夏場でも飼い続けることは可能だ。きれいな水に住む種なので飼育水槽に濾過装置程度は付けて飼育するべきだろう。よく見ると愛嬌のある顔で水槽の中でも飽きない存在だ。慣れてくると砂から体を半分出して餌を探す様子などが見られる。

【分布範囲】都幾川流域では主に中流に生息するが、標高 200m 付近まで生息している場所がある。また、最下流まで生息しており、流域での生息範囲は広い。複数の支流にも生息している。

【特徴】体は細長くドジョウ型で、体側には円斑が並び見間違う種はいない。砂に依存して生活する種なので、砂の場所が失われると確認は難しい。上流に向かうにつれて砂の堆積場所のみに局在分布するようになる。

【食味】食用にする地域もあり、美味と言われるが味が解るほど集めるのは大変である。食べたことはない。

【特記事項】シマドジョウの仲間は最近、分類が大きく変更され、関東から東北地方に生息するものはヒガシシマドジョウとされる。

コイ科カワムツ属

カワムツ（カワムツB型）

学名：*Nipponocypris temminckii*

都幾川流域では中流部に生息する。ヤマメが見られるような都幾川の中流域で2013年から生息が知られる。川島町の長楽用水等に生息するヌマムツ（カワムツA型）よりは都幾川の傾斜のある部分に生息する。槻川では2017年から見られる。

眼の後ろ側から尾ビレの付け根にかけてやや幅の広い暗色の帯がある。ヌマムツ（カワムツA型）との区別点は胸ビレや腹ビレが黄色であることで識別できる。10㎝前後の未成魚が細い流れに遡る性質が知られ、県内ではヌマムツよりは後から生息が知られるようになった。ヌマムツがあまり移動しないのに対してカワムツの未成魚（8～10㎝）は支流や用水路などに活発に移動してくるので、生息域の拡大傾向が強い。

初夏から夏にかけてが産卵期でメスの体色には変化は少なく腹部が膨らむ程度だが、オスは頭部から腹部にかけて体の下側と背ビレの前縁の一部が赤色になる。鼻先や眼の周囲、エラ蓋前半には追星が顕著に現われ、特に尻ビレが長く大きくなる。胸ビレ、腹ビレ、尻ビレ、尾ビレは黄色で背ビレの後縁も黄色くなる。淵などの流速の遅い場所に見られ、

上メス　下オス

産卵期

淵や瀞で群れている6～10㎝程度の個体を多く見る。瀬で釣れることは少ない。川を被う木々の下などにいて、落下してくる昆虫を捕食するので、この習性を利用して、魚の近くに落下物が落ちたようにして釣る方法が釣りやすい。最大個体は17㎝程度になるが、多くは15㎝程度まで。川遊びで目にする機会が多かったり、釣れたりするのは6～8㎝程度が多く、生まれてから2年目の個体と思われる。動物食に近い雑食性。

未成魚

本来の生息地は静岡県より以西なので国内外来種である。河川中流部に主に生息する。

【分布範囲】都幾川流域では嵐山町二瀬、ときがわ町の三波渓谷、西平、支流では雀川の下流に生息している。今後さらに分布域が広がる可能性がある。槻川では2017年から確認され、すでに2019年には東秩父村まで拡大した。

【特徴】鱗はやや粗く、眼の後ろ側から尾ビレの付け根にかけてやや幅の広い暗色の帯がはっきりしている。ヌマムツ（カワムツA型）との区別点は胸ビレや腹ビレが黄色く、背ビレの前縁にはっきりと赤い部分があることで識別できる。婚姻色の発現したオス個体の識別は容易だ。

【食味】食用にはするが、オイカワなどに比較して骨が硬く唐揚などにはあまり適さない。ヌマムツとの比較はしていない。

【特記事項】埼玉県で従来から生息が知られていたのはヌマムツ（A型）である。しかし、その後の調査記録に型が示されていないので、カワムツ（B型）がいつから拡散して増加をはじめたのか明らかでない。都幾川流域では2013年以降に生息している。

コイ科カワムツ属

ヌマムツ（カワムツA型）

学名：*Nipponocypris siecboldii*

都幾川流域では中流部の緩傾斜の流速の遅めの緩い河川に主に見られる。雀川、前川、兜川、長楽用水などが主な生息場所で緩流河川に主に生息する。眼の後ろ側から尾ビレの付け根にかけてやや幅の広い暗色の帯がある。カワムツ（カワムツB型）との区別点は胸ビレや腹ビレの前縁に赤い部分があることで識別できるが、５㎝以下の個体では特徴の顕れ方が不十分で識別には注意を要する。従来はカワムツA型と呼ばれていたが、2003年に従来から知られていたカワムツ（カワムツB型）とは異なる種であることが判明してヌマムツという名称が確定した。

初夏から夏にかけてが産卵期で、メスの体色には変化が少なく腹部が膨らむ程度だが、オスは頭部から腹部にかけて紅色になり、背ビレも同様の色に染まる。吻部や眼の周囲、エラ蓋全体に追星が顕著に現われ、尻ビレが長く大きくなる。埼玉県内では県の報告書などでも従来から区別してこなかったので、カワムツA型とカワムツB型、もしくはヌマムツとカワムツ、どちらの名称も区別されておらず浸透していない。

流速の遅い場所に見られ、渕や瀞で群れている６～10㎝程度の個体を多く見る。最大個体は18～19㎝程度になるが、多くは15㎝程度まで。川遊びで目にする機会が多かったり、釣れたりするのは６～８㎝程度が多く、生まれてから２年目の個体と思われる。動物食に近い雑食性で魚

上メス　下オス

産卵期

未成熟個体

大型のヌマムツ・オス（全長 190cm）

の稚魚を食うことも少なからずある。
　本来の生息地は中部地方より以西なので国内外来種である。河川下流部や池沼に主に生息する。県内では従来から知られているのは本種のことが殆どであり、A型とB型を区別せず、単に「カワムツ」とした記録が多い（43 頁参照）。改めて留意して観察する必要がある。

【分布範囲】 都幾川流域では最下流から嵐山町二瀬、槻川の小川町から兜川流域、支流では前川、雀川など傾斜の緩い河川が生息地。ときがわ町玉川より上流の都幾川では未確認である。

【特徴】 鱗はやや粗く、眼の後ろ側から尾ビレの付け根にかけてやや幅の広い暗色の帯がはっきりしている。カワムツ（カワムツB型）との区別点は胸ビレや腹ビレが白く、その前縁に赤い部分があることで識別できる。婚姻色の発現したオス個体の識別は容易。

【食味】 食用にはできるが、オイカワなどに比較して骨が硬く唐揚などにはあまり適さない。

【特記事項】 埼玉県で従来から生息が知られていたのはヌマムツである。カワムツ（カワムツB型）がいつ頃から増加を始めたのか明らかでない。

ヌマムツとカワムツの侵入時期

埼玉県に最初に生息するようになったのはヌマムツ（カワムツA型）で、昭和 40 年代から鳩山町で生息が知られていた。その後カワムツ（カワムツB型）が入ってきたようだが、その経路ははっきりしない。

コイ科ハス属

オイカワ

学名：*Opsariichthys platypus*

　都幾川流域では最も広い範囲に生息する種のひとつで最下流から標高150m 付近まで生息している場所がある。生息場は中流域が主で、水温の高い時期は強い流れの中にも見られる。また、アシが生えている陰などに稚魚はよくいる。

　都幾川の中流域ではアブラハヤ、カワムツ、ウグイなどとともに生息することが多く、水温の高い時はウグイより流速の速い場所に見られる。渕や瀞で６㎝程度までの個体を、瀬では少し大きい８～ 12 ㎝程度の個体を多く見る。最大個体は 17 ㎝になるが、多くは 15 ㎝まで。川遊びで目にする機会が多かったり、釣れたりするのは６～ 10 ㎝程度が多く、この大きさの個体は生まれてから２年目の個体と思われる。

　水中で反転した時は銀白色に見えることから識別は容易で、都幾川流域の魚の中で最も銀白色に見える。鱗が大きめで剥がれ易いのが特徴で、釣りあげてうっかり手に取ったり、暴れさせると鱗が剥げてしまうことが多く、川へ戻しても回復しない個体もいる。

上 メス　下 オス

産卵期

酸素欠乏に弱く、水道水に添加されている塩素にも敏感に反応することがある。飼育する場合は飛び跳ねにも注意する必要がある。

瀬の石の付着藻類などを多く餌とする植物食の割合が高い雑食性で、カワムツが淵や淀みに多いのに対して本種は開けた瀬に多く居て付着藻などを食べている。この時は体を傾けながら藻を食べるので、瀬で銀白色にキラキラと光って見える。群れが大きいと広い範囲の川底がキラキラと輝くことがある。

産卵期は水の温まった７月頃で緩流速の浅い砂礫底もしくは砂泥底の場所に数尾で群れて、もしくはペアで行われる。婚姻色はメスは顕著でないが、オスは性的に成熟すると体側には緑の地色に赤の条線が混じり美しい。鼻先、頬部などに追星が発達し、顔は黒くなる。尻ビレは大きく長く突出し、メスのそれよりもはるかに大きい。

上３尾・婚姻色のオス
下２尾・未成熟個体とメス

最小成熟サイズは 10 ㎝くらいで、小型ほど遅い時期に繁殖しているようだ。

【分布範囲】都幾川流域では長楽用水などの最下流から、ときがわ町西平、槻川では東秩父村坂本付近まで生息し、支流では兜川、前川、雀川などで見られる。最近はカワムツに圧されて減っているように思われる。利根川以西に分布するとされ在来種であるが、琵琶湖産のアユの放流とともに入ってきた系統もいる可能性が高い。

【特徴】鱗は少し粗く、体側は銀白色でやや幅の広い薄い暗色の帯がある。鱗は剥がれ易い。オスの婚姻色は鮮やかで驚かされる。瀬で活発に接餌したりするので毛針で釣ることができる。礫に着く付着藻類などを体を反転させながら食べるので、水中で魚がキラキラと光っているのが見える。都幾川では最も銀白色に光るので、川の脇から見ていても色合いでオイカワであることが判別できる。

【食味】食用にする。10㎝程度の個体の唐揚は、三杯酢などに漬けて南蛮漬けなどにすると美味。腹部の内膜が黒く苦いのでなるべく除去する。大型の個体は骨がやや硬いので、三枚におろして天ぷらやフライにするのも旨い。鮮度落ちが早い魚なので、食用にする場合は鮮度の保持に努めること。初冬の頃が最も旨いと思われる。我が家では南蛮漬けで食べる事が多く、小型魚は揚げたてを三杯酢に潜らせた程度で、大型魚はネギと共に数日間漬け込み味付けする。ビールのツマミ、日本酒の充てとして最適だ。

【特記事項】個体数の増減がかなりあり、夏に台風などが来て出水の多い年にはかなり減少するようだ。夏から秋の夕方近い時間に、水面に一斉に跳ねることがあり、多くの個体が跳ねると雨が降っていることと錯覚するほどだ。

◎オイカワとカワムツ　比較

上）オイカワ オス　下）カワムツ オス　婚姻色のオス

COLUMN カワムツとヌマムツ

かつて「カワムツ」は二つの型が存在することが知られ、中村（1969）が湖沼に生息するものをA型、河川に生息するものをB型として区分した。そしてHosoyaら（2003）では江戸時代にシーボルトが持ち帰った標本を確認、B型がカワムツであることが判明した。その結果、A型はヌマムツと命名して別種とされた。現在はカワムツとヌマムツの２種として扱われる（中坊 2013）。

県内では1973年に鳩山町の鳩川で「カワムツ」が記録されたのが最初で（福島1978）、この記録は型の記述をしていない。その後もA型とB型の型分けをしない記録、もしくはヌマムツとカワムツを別種と分けない「カワムツ」の記録が多い。

鳩山町鳩川で記録されたものはA型であり（渡辺 2000）、当初からカワムツA型と記述して記録する必要があった。埼玉県内ではA型とB型の区別をはっきり記述せずに、単に「カワムツ」と記述した記録が多く、「カワムツ」ではどちらか判断つかない。従来からの「カワムツ」の記録は（型の区別を記述したもの以外は）、中村（1969）の示すカワムツA型（ヌマムツ）である可能性が高く、最近使われる「カワムツ」はカワムツB型（カワムツ）の可能性が高い。現在、両者は別種であり、曖昧な記録は再度確認して正していく必要があるだろう。

2019年の時点で都幾川・槻川流域には両種（両型）が広く生息しており、いつからこの２種（特にB型）が生息するようになったのか、記録がしっかりしていない点が気になっている。

識別点
ヌマムツ（A型・上）
・胸ビレと腹ビレの前縁が朱色
・側線鱗数が 53 ～ 60（鱗が細かい）
カワムツ（B型・下）
・胸ビレと腹ビレが黄色
・側線鱗数が 43 ～ 51（鱗が粗い）

メス個体

フクドジョウ科ホトケドジョウ属

ホトケドジョウ

学名：*Lefua echigonia*

都幾川流域での生息する場所は中流域が主で、標高80m付近から150mくらいまで生息している場所がある。生息場所はいずれも水が湧くような流路の脇や草の陰の小流などで、本流の強い流れには基本的にいない。

ドジョウと名が付くが体型は短く､顔は丸く砂や泥に潜ることもなく、水際の草の陰などにいる。頭が丸く一見ナマズの子供のような印象を受ける。髭が８本で上顎の６本、下顎に２本あり、大きい個体でも７㎝程度までで、よく目にするのは３～５㎝程度の個体が多い。

都幾川流域では水のきれいな小さな流れや小規模な湧水のある場所に局在分布する。一般的には小さな支流などにも生息するが、そのような場所は都幾川流域では河川改修されてコンクリートで固められたりして失われていることが多く、個体数の減少が著しい。

本種は関東地方の多くでは谷津田の細流で見られる種であるが、そのような場所が都幾川流域では三面護岸されていることがかなりあって、谷津田の細流での確認は少ない。流域に広く生息するものの生息密度は

7cm 近い大型の個体

低く、生息の中心となるような場所は見出すことはできなかった。
初夏の頃が産卵期で夏には１～２㎝の稚魚を見る。秋には３～５㎝に生長しており、翌春には５～６㎝になって繁殖する。川遊びでも注意して捜せば見つかる可能性があり、もし捕れた場合は元の場所に戻してほしい。

【分布範囲】都幾川流域では主に中流に生息するが、標高 200m 付近まで生息している場所がある。複数の支流や谷津の小支流にも生息している。

【特徴】体は太く短く頭も丸くていわゆるドジョウ型ではない。体側には円斑が不規則にあり、腹部が透けて臓器の桃色が見えるので見間違う種はいない。小さな湧水環境に依存して生活する種なので、まとまった個体の確認は難しい。

【食味】食用にできる。食べたことはない。

4cm に満たない小型の個体

アユ科アユ属

アユ

学名：*Plecoglossus altivelis altivelis*

　都幾川流域で夏期に散発的に確認される事がある。流域では稀な存在だ。本来はウナギと同様に海から遡上してくる回遊魚。ただし、アユは年魚とも書かれるように一年の命であり、流れの中の石に付く苔（付着藻類）を餌とするベジタリアン（植物食者）なこと、さらに昼間に活動する種である点が異なる。

　アユの生活史は、春先に６～７㎝の仔アユが海から遡上し、初夏までに生育場所である河川中流域の礫で構成された場所に到達して、主に瀬で苔を食べて活発に活動し生長する。元気なアユは縄張りを形成して自分だけの餌場を確保して他個体が侵入すると活発に追撃して縄張りから追い出す行動を縄張り行動と言う。

　この習性を利用して縄張り内に掛け針のついた他個体（ライバル・オトリと称する）を入れて縄張りアユを釣るのが「友釣り」と称される漁法だ。

　都幾川流域やその本流の入間川流域ではアユを釣りで獲るより網で獲る漁法が中心だったようだ。それほど大きなアユが居た地域でもないようだが、夏の川にアユがいることはひとつのシンボル的な意味合いがあ

上メス　下オス

産卵期に近いアユ

り、数は多くなくてもいてほしい魚だ。アユのいる川とは良好な環境要素を示す言葉となる。最近、天然アユを荒川から遡上させようとする運動がある。是非、都幾川もアユが毎年のように当たり前に見られる川になってほしい。

六堰（荒川）を遡上した天然アユ

遡上期の稚魚

良い環境で生育した個体は秋までに 30 ㎝近くになるが、水域が限られ水量も少ない都幾川では残念ながらそんなに大きなアユはいないようだ。このアユも秋には川を下り、中流の小礫の場所で産卵して一生を終える。現在は海からの遡上が、途中にいくつもある堰に阻まれて本来の生息地まで遡のぼれないので、遡上期のアユを漁業権を持つ漁業組合が放流しなければ生息しない範囲がほとんどとなっている。

【分布範囲】都幾川では天然に遡上して来る個体はきわめて稀だが、漁協が稚魚を放流した場合は放流数に応じて見られる。ここ数年は多くはないが放流された個体を都幾川本流で見ることができる。

【特徴】流麗な姿に胸に黄色の楕円の模様がひとつあり、背ビレの後端が伸長し、脂ビレの輪郭はほのかに橙赤色に染まる。泳いでいる姿も背の中央に金線と呼ばれる一本の線があり、強い流れの中で苔の付いた石の周囲の縄張りを守る姿から一目でアユと識別できる。

【食味】食べ方は誰もが知っている塩焼で、良い川のアユは内臓ごと食べられる。砂の流出があるとアユは苔（付着藻類）とともに砂も食べてしまうので、食味を損ねることになる。良い苔の川はアユのワタまで旨いものだ。最も単純な調理法が適している。他にも多くの食べ方が知られるが、私が勧めたいのは干物で、それも半日程度干した一夜干しを軽く炙って頭から食べたい。また、秋めく頃の子持ちアユや、ウルカ（塩辛）も美味しいが、なかなか贅沢である。しかしお金を払って買うものではなく、自らが漁獲して作るものと思う。

ナマズ科ナマズ属

ナマズ

学名：*Silurus asotus*

都幾川流域では下流側から標高 100m 付近まで生息する。水の淀んだ渕や瀞などに昼間は潜み、夜間活発に活動して小魚などを捕食する典型的な夜行性の肉食魚。魚やカエルなど口に入る大きさであれば活発に捕食する。

主に春から秋まで活動し、最大個体は 60 ㎝以上になる。用水路や小支流に産卵時に遡る。

体に鱗は無く全身スベスベで下顎が突き出ており、眼は少し離れた場所に小さなのがある。口と眼の間の上顎には長い立派な髭が２本、下顎にも小さいのが２本の計４本の髭がある。この髭はセンサーで捕食活動中はこれに触れたものは容赦なく飲み込んでしまう。口は大きく背ビレは取ってつけたような小さいのが体の中央付近にある。尻ビレは長く体の長さの半分以上はある。体は褐色で不規則な模様があり、興奮状態や呼吸が苦しい時などは体色が変化する。

産卵期は初夏で水量が増えて少し濁った川などに遡ってきて、オスが

小さな背ビレが髭とともにナマズの特徴

15cm ほどの個体

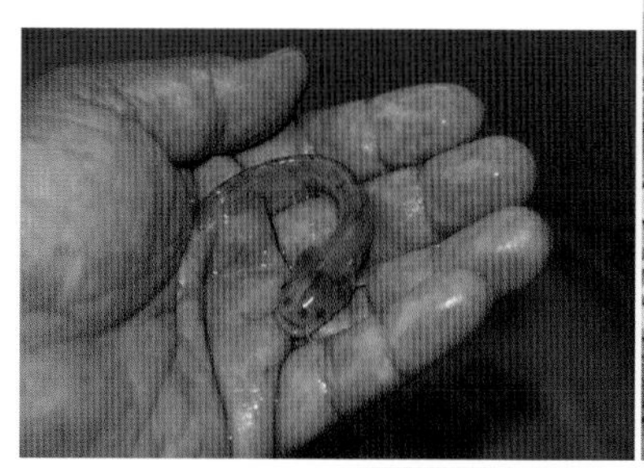

8cm ほどの稚魚

60cm 近い大型個体

メスに巻き付くようにして産卵する。卵は薄緑色。稚魚は3㎝くらいまでは真っ黒でオタマジャクシと間違えるような形をしている。この大きさでは髭は上顎に２本、下顎に４本、計６本ある。

水質的にはそれほどきれいな水でなくともかまわない。多少濁った水のほうが活発である。関東地方のものは江戸時代に移殖されたものではないかと推定されている。

【分布範囲】都幾川流域では下流から標高 100 m 付近まで生息する。支流にも見られるが主に産卵場としての一時的な利用で、常に生息するのは本流で都幾川と槻川、下流の用水路に限られる。

【特徴】鱗が無く体側には側線が走る。髭が上顎に長いものが２本、下顎に２本あり、大きな頭に小さな目があり、口が大きく極めて特徴的である。

【食味】食用にする。白身でフライに適し、かば焼きも良く合うが形状は特異である。1 kg 以上のものは食べでがある。天ぷらにもすることがあるが著者は断然フライを支持する。

【特記事項】都幾川に漁業権を持つ武蔵漁協はナマズの稚魚を放流している。

コイ科カマツカ属

スナゴカマツカ（カマツカ）

学名：*Pseudogobio polystictus*

都幾川では明覚あたりより、槻川では小川町より下流に生息するが個体数は多くない。砂底の場所に選択的にいて砂の上に見られるか砂に潜っている。

最大20㎝程度になりメスのほうが大きい。髭があり砂底の場所の川底にいて、驚くと砂に潜り、潜ったあたりをよく見ると目を出していることがわかる。性の判別はメスが抱卵して腹部が膨らむことで判別できる程度で通常は難しい。

ツチフキとは形態的に似ているが、本種のほうが細長くて大きくなり、河川への依存割合が高い。都幾川での生息範囲は広いが、生息密度は低く、砂のある場所に強く依存している。

川遊びでは稀な存在で、釣りでは時折外道として釣れる程度であり、出会える機会は多くない。目にすることができるのは５～８㎝程度が多く、この大きさの個体は生まれてから２年目の個体と思われる。

【分布範囲】 都幾川流域では中流から下流の砂底の場所に見られる。流域全体の生息密度が高くないので本種を目的に捜しても見つからない可能性もある。

よく似た種、上 スナゴカマツカ　下 ツチフキ

【特徴】鱗はやや粗く、体側は銀白色でやや幅の広い暗色の帯がある。背ビレには点列が存在する。胸ビレにも模様がある。口が下向きについており、砂の中の餌を吸い上げるのに適した形態をしている。驚くと砂の中に潜る習性がある。

【食味】食用にでき、塩焼きなどで比較的美味だが食用目的に採取できるほど個体数は多くない。カワギスと呼ぶ地域もあるほど。

【特記事項】カマツカは2019年に3種（カマツカ、ナガレカマツカ、スナゴカマツカ）に分けられ、関東産はスナゴカマツカとされた。

◎スナゴカマツカとツチフキの比較（背面）

ヤツメウナギ科カワヤツメ

スナヤツメ

学名：*Lethenteron* spp.

都幾川流域では都幾川本流のみに下流側から標高100m付近まで生息する。水質の良い河川中流域の砂の堆積した場所に生息する種なので、砂の堆積のほとんどない上流や、逆に堆積物が泥となる下流には生息していない。また、砂の堆積が極めて少ない直線化された河川も生息が難しい。

生まれてから数年間は眼のないアンモシーテスと呼ばれる幼生の期間を、砂の中の有機質を餌として過ごし、15㎝～18㎝程度に生長した後に変態して成体となる。変態する時に少し縮むようだ。エラアナが七つあり、それと眼が並んで八つ目と呼ばれる。成体は早春の繁殖期に向けて現れるもので速いものでは12月頃から出現するが、繁殖期を過ぎた初夏の頃には居なくなる。

オスは生殖突起があり尻ビレがなく、メスは尻ビレがある。生息密度は低く、稀に見つかる程度である。北方種と南方種があり、両者とも生息すると思われるが、それを区分するのは外見的にはできないとされている。

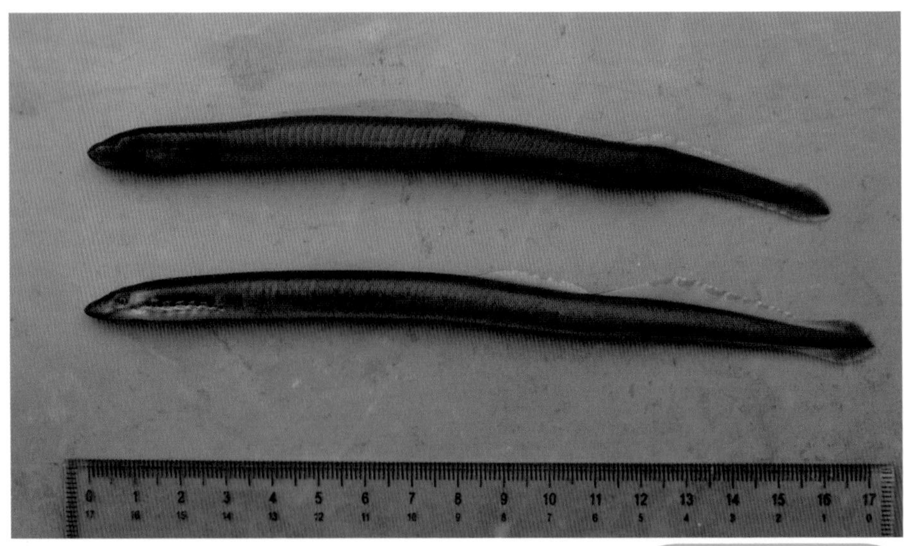

スナヤツメの幼生は眼がない

幼生（上）と成体オス

スナヤツメは下顎の骨が無く、胸ビレ、腹ビレもない。分類上は円口類（無顎類）で魚類ではない。幼生は砂の中で生活し、成体になると口を吸盤にして瀬の石などに張り着いているのを見ることがある。口内の歯の発達は貧弱。意外と遊泳力があり、小さな堰堤の落差など一瞬にして泳ぎ上がることがある。成体は餌を取らずに繁殖行動をした後に死亡すると言われている。

都幾川以外には、高麗川、入間川（名栗川）などで記録されているが、荒川本流では記録がない。都幾川流域では決して多くないし生息範囲も広くない。早急に保全しなければ絶滅するおそれがある種だが、なにも保全策はとられていない。

【分布範囲】都幾川流域では中流から下流の一部に生息する。生息する標高は 100m までの砂の堆積する範囲である。槻川では未確認。

【特徴】鱗が無く眼の後ろ側に鰓孔が 7 個並ぶ。口は吸盤状で中に発達の悪い小突起が並んでいる。胸ビレと腹ビレはない。筋節数で近似種との区別ができる。

【食味】食用にした例は聞かない。近縁のカワヤツメは食用にされる。

【特記事項】最近、スナヤツメは北方型と南方型に分けられた。しかし、体の形など外見では区別できないので、ここではあえて記述しなかった。

コイ科ニゴイ属

ニゴイ

学名：*Hemibarbus barbus*

都幾川流域では生息場は中流域から下流域が主で標高80m付近まで生息している場所がある。数は多くない。

時に大型になり40㎝を越す個体がいる。細長い体型で川底からわずかに上を泳ぎながら数尾で川底をつついて餌を探している。10㎝くらいまでの小型個体は体側に丸い模様があり、カマツカと間違えられることもある。他の魚に混じって釣れることがある程度である。

大型個体は顕著な模様はなく、大きさは水域の限られる都幾川では40㎝を越えるぐらいまでのようだ。大型のオスは鼻先が少しツブツブの小さな追星が現れるとともに体色が黒っぽくなり婚姻色を示す。稚魚の時の模様は10～15㎝位で消えていく。

川遊びで出会える機会は多くない。

【分布範囲】都幾川流域では最下流から嵐山町二瀬、支流では槻川で小川町の栃本堰下まで。都幾川と槻川の本流で見られ、中小の支流では確認されていない。個体数は多くないが中流域から下流域に広く生息している。

【特徴】鼻先が尖っており、大きくなっても体高は低く細長い魚である。瀬から渕の底をつつく仕草が特徴的である。コイよりも体型が細いこと

から緩い瀬の中まで入ってくることがある。飼育すると案外飼い辛く、あまり長生きする魚ではない。

婚姻色の顕れたオス

【食味】食用にできる。大型個体をアライなどにもする。骨が強く大型魚の小骨もなかなかのもの。Y字に分岐している。味は典型的なコイ科の魚であり、秋から冬にかけては脂がのって比較的美味だが、それほど特徴的な味がある訳ではない。大型魚に出会うのは、活動が活発になる産卵期の初夏の頃が多い。

COLUMN
河川工事の季節

年末や年明け当初から始まる河川の工事が多い。もともと関東地方は冬に降雨が少なく河川の工事はこの時期が行いやすい。大水がなければ水を防ぐ対策の工事費が少なくてすむからだ。それに加えて予算という人の世の都合が加わる。

お役所の年度は４月から３月末で、年度頭の春には予算が決まっている。秋までの台風シーズンには大きな出水が起きることもあり、予算の一部を使わずに備えている場合が少なからずある。ところが年明けともなると、もう出水はほぼないので、そろそろ予算を使わないと使い残してしまうことになり、年末から年明けに予算を使い切る工事が発注されることになる。残した予算を使うための工事であったりするので、余計な場所を工事したり、終了が３月末に間に合わず、５月頃まで工事していたりする。発注側も遅く出した仕事なので終わりの締めが甘いのだ。

また、同一と思える工事を２年連続で行っている例も１度や２度ではない。同じ場所に２年続けて生息の場を奪う工事などの行為を行うことは、寿命の長くない生物にとっては壊滅的な打撃となる。このような事の繰り返しが川の生物相を貧弱なものとしていく第一歩である。

コイ科ツチフキ属

ツチフキ

学名：*Abbottina rivularis*

都幾川流域では下流側に偏って生息する。川島町の用水路では比較的安定的に見られる魚である。

コイ科の魚では珍しく底生生活に適応しており、ハゼやカジカのような体系をしており口ひげがある。大きくても10㎝程度で、釣りの対象とはならず稀に釣れる程度。成熟したオスは顔に段差ができ、背ビレが大きくなる。カマツカと似ているがツチフキは腹ビレと尻ビレが白く、背ビレや尾ビレが大きい。

本来関西にいる魚で、国内外来魚。

オスは背ビレが大きい

オス個体

【分布範囲】都幾川流域では最下流やそれに続く用水路などで見られる。

【特徴】鱗はやや粗く、体側は銀白色でやや幅の広い暗色の帯がある。背ビレには点列が存在する。口が下向きについており、吸い上げるのに適した形態をしている。形態的にカマツカに似るが驚いても砂の中に潜らない。

【食味】食用にでき、比較的美味との話を聞く。食べたことはない。

COLUMN
用水路の豊かな小魚たち

長楽用水（川島町）

都幾川流域にはいくつかの素掘り（土掘り）の用水路が存在する。その水路がいずれも数 km の長さを持ち、網の目状の形状でほぼ通年の通水であることから、いずれもが魚の生息地として利用できる状態であり、流域の魚の豊かさを支えている。

三浦・泉（2016）では長楽用水で 25 種を確認しており、埼玉県内の用水路としては比較するものがない。

この流域の魚達は水田と用水路の落差がほとんどないために水田に出入りしたり、水田で発生する餌にたくさん恵まれて育つことができる。しかし、いつも恵みだけではない。水田には除草剤や殺虫剤も使われ、時には濃すぎる薬剤によって魚達が白い腹を出して浮くこともある。

しかし網の目状にめぐらされた水路では 1 本の水路で魚が浮いても、隣の別の水路には魚が残り、そこからいち早く回復していく機会がある。

魚類
両生類
爬虫類

コイ科タモロコ属

タモロコ

学名：*Gnathopogon elongatus elongatus*

広い範囲に生息する種のひとつであるが、オイカワよりは幾分、生息範囲は下流側になる。標高 100m 付近まで生息している場所がある。

生息場は中流域から下流域が主で、水温の高い時期は比較的流れの中にも見られるが、最も流速のある場所はオイカワで、タモロコの居る場所はそれより遅い場所になる。流れの中で泳いでいる個体を上から見ると、泳ぐ場所や体つきがヤリタナゴとよく似ている。

川遊びで取れたり釣れたりするのは６～８㎝程度が多く、生まれてから２年目の個体と思われる。髭があり、頭部から尾ビレに向かって濃い色の帯がある。10 ㎝を越す個体がおり、最大個体は 13 ㎝の個体を採取したことがある。大型は全体が太くてずんぐりとした感じを受け、一見フナのような雰囲気である。静岡県以西の分布なので国内外来種である。関東地方には 1940 年頃に移殖されたもの。

最近は水産試験場で琵琶湖固有種のホンモロコの養殖が広められており、痩せたタモロコとホンモロコはよく似ている。両者を並べて比較するとホンモロコのほうが明るい色彩である。タモロコとモツゴは一緒に獲れることが多いが、タモロコのほうが幾分流れの中にいる。

【分布範囲】都幾川流域では最下流から嵐山町二瀬、支流では雀川、前川、槻川では兜川などに見られる。

よく採取される大きさのタモロコ

【特徴】少し太い感じが特徴。5～6㎝まではかわいいが、大型になるとずんぐりした感じが強くなる。飼育すると慣れやすいが、なかなかの大食漢で、少しずうずうしいところがある。10㎝を越える個体がおり、最も大きいのは13㎝にもなる。

【食味】食用にできる。オイカワなどと同じように調理する。

COLUMN
護岸の方法と生物の多様性

都幾川水系は川の岸が山の斜面となっている場所が多く、岸に堤防が築かれている場所はときがわ村役場近くの本田橋より下手が主な場所だ。

堤防を築く場合、堤防の水に接する面をどのような方法で施工するかによって、その場に生息する生物の種は自ずと異なってくる。生物の生息のためには多様な構造を持った場所の出現を望むが、そのような場所は洪水時に複雑な流れが形成され、流下してくる倒木などが引っ掛かる場所となって、二次的に河川の外に奔流が溢れる場所ともなり、流域の人々の財産を失わせることにも繋がることがある。

河川の管理は容易なものではないが、多様な生き物の生息場でもある。また、逆に流路幅が部分的に細くなり、ここは洪水の原因になりそうな場所もある事が分かってくるものだ。河川に通って良く流れの構造を見ると、なにもそこまで施工しなくても河川の機能は維持できるだろうと思える場所はいくつも存在している。

コイ科モツゴ属

モツゴ

学名：*Pseudorasbora parva*

都幾川流域では生息場は中流域から下流域が主で標高100m付近まで生息している場所がある。

小型の魚で、最大10㎝程度だが多くは5～6㎝程度。オチョボ口でクチボソと呼ばれ、釣りの好敵手でなかなか針に掛けづらい魚である。流水にいることは少なく、川でも緩流速の場所や溜まり、植物の陰などの流速の緩い場所で見られることが多い。

3㎝くらいまでの小型個体は頭部から尾柄にかけて明瞭な縦線があり、少し尖って見えて別の魚かと思えるほどである。繁殖期の大型オスは体が黒ずんで背が盛り上がり、オチョボ口の鼻先が尖って口周りはゴソゴソの追星が明らかである。

飼育しやすい魚で金魚などと共に飼うことも容易だが、産卵期のオス個体は慣れにくい。溜池のコンクリート部などにも産卵することがあり、人間の造り出す環境への適応能力には驚かされる。

汚水への適応能力も高いものがあり、都市部の公園の池などにも生息していることが多い。川遊びでは水の流れの緩い場所で出会うことができる。

【分布範囲】都幾川流域では最下流から嵐山町二瀬、支流では雀川、前川、槻川では兜川などに見られるが多くはない。流域の溜池ではたいていの場所に生息している。ヘラ鮒釣りではジャミと呼ばれ餌取りを頻繁におこなうので嫌われている。

大きさによる体型の違い

【特徴】小さいうちは鼻先が尖っているように感じられ、頭部から尾柄にかけて明瞭な縦線がある。口が少し上向きでいわゆるオチョボ口なので口が小さく感じられるので、クチボソと呼ばれるようになったと推察される。飼育すると慣れやすい。

【食味】食用にできる。秋から初冬の頃の小型個体のかき揚げなどはほろ苦さが特徴で美味。大型魚より５～６㎝までの小型魚のほうが価値が高い。

COLUMN
クチボソの謎

モツゴの別名である。口先から尾ビレに向かって明瞭な黒い縦帯がある。特に大きさは５㎝以下の小型のものが、釣りをしていて餌取りが上手で嫌われる餌取り名人がクチボソと呼ばれるモツゴだ。略して「ボソ」である。ヘラ釣り師には邪魔をする餌取りとして「ジャミ」と言われて嫌われている。

この魚は垂直な壁面やコンクリートの場所を産卵場所に利用して繁殖できるので、水辺の植物が全く生えていない市街地の池にもいて子供達に親しまれている。しかし、最近はバスの餌として好都合であることから、池にバスがいるか否かの判断にも使われる。クチボソの多い池はバスやギルが放されていないことが多い。苦労して釣っても自慢できない魚の筆頭であろうか。

コイ科アブラボテ属

ヤリタナゴ

学名：*Tanakia lanceolata*

都幾川では主に最も下流の用水路に主に生息している。標高 100m 程度の嵐山町内にも見られるがその数は多くない。

タナゴの仲間としては体高が低く、小さい個体の識別には注意を要する。髭があり体高はタモロコよりあって、タナゴ類と判別するのは難しくないが、タイリクバラタナゴを見慣れていると体高が低く随分細長く見える。稀に 10cm 以上の個体もおり、今まで全長 117mm、体重 20g の個体が最大である。

タナゴ類はマツカサガイなどの二枚貝に産卵する習性があり、二枚貝は安定した砂礫底の流路でなければ生息できない。また、二枚貝（マツカサガイやヨコハマシジラガイ）は幼生（グロキディウム）を付着させる相手（魚）が居なければ繁殖できず多様な魚や生き物の棲む環境が必要だ。従って豊かな生物相と二枚貝の生息環境がなければ、ヤリタナゴは個体群を維持することができない。生息環境の破壊によってヤリタナゴは生息地が極めて限られることとなり、県下では最後の生息地が都幾川流域である。都幾川流域のヤリタナゴはマツカサガイやヨコハマシジラガイに産卵するようだ。

産卵期は４～７月で、この季節にオスは背ビレと尻ビレの先端の半分

婚姻色の顕れたオス

が朱色で、体側は緑と赤紫に染まり、婚姻色が表われて産卵貝（二枚貝）の周囲に縄張りを形成する。メスの体色は変化しないが抱卵個体は腹部が膨らみ、卵が成熟すると産卵管が伸長してくる。産卵管は８㎝の個体で 18 ㎜程度と短く、主に小型の二枚貝に産卵する。産卵は 30 粒程度を何回にも分けて行われる。

タナゴ類の中では比較的大型になる種で稀に 10㎝を越す個体がいる。現在では都幾川流域はヤリタナゴが生息する県内唯一の流域であり、彼らが生存できる環境を地域として残す努力が必要である。雑食性で藻類や植物片から動物性のイトミミズやユスリカ幼虫なども食べる。

１年で３～６㎝、２年で８～９㎝程度で、それ以上の大型に育つ個体もいるが数は少ないが稀に 10 ㎝を越す個体がいる。寿命は野外では２年程度だが、飼育環境下では７年ほど生きる個体がいる。メスのほうが寿命の長い傾向がある。オスの婚姻色は美しく、それを専門に釣ってメスと共に持ち帰る者がいるが、飼育環境下での繁殖は難しく、資源維持のためにもその場で写真を撮って放すべきであろう。

都幾川流域のヤリタナゴは、都心から最も近い場所に生息する貴重な個体群であり、もっと積極的に保護されるべきである。

しかし、他地域からの移殖の話も少なからず聞かれ、都幾川本来の個体群が残っているのか確認する必要があるだろう。タナゴ類の主な生息環境が素堀りの用水路であることから、生息環境の維持は周辺の営農形態に大きく影響を受けており、水田における米作りの様式とのつながりが極めて大きい。早い段階で流域の営農者の理解を得て積極的に保護を行う必要がある。

ヤリタナゴ（ペア）
上オス、下メス　メスの産卵管が伸張している

【分布範囲】都幾川流域では中流から下流の用水路を中心に見られ、落差の少ない蛇行河川や素堀りの用水路が大切な生息地である。生息域は産卵する二枚貝（産卵母貝）の分布に大きく影響されている。かつて失われた生息地はいずれも二枚貝の生息環境が破壊されたことによる消滅と推定される。都幾川本流や一部の支流にも見られる事があるが、その数は少なく生息域も限定的である。

【特徴】鱗はやや粗く、体側は少し高めで非繁殖期の成魚はフナに似た感じがする。最小成熟個体はオスメスともに全長5㎝、体重1.5g程度で、生まれた翌年の春に成熟する。大型のオスは婚姻色が美しく観賞魚として価値があり、人に慣れやすいものの飼育環境下での繁殖は難しい。流域の環境の良さを示す指標種として代表的な魚である。

【食味】食用にできるが、苦いとのこと。保護の対象であり食べたことはない。

【特記事項】埼玉県内で在来種のタナゴ類が生息する唯一の場所が都幾川流域である。タナゴ類の釣りはマニアの間で人気があり、各地からこれを目当てに釣り人が訪れる。このような人々によって、良い場所で釣りたいがゆえに生息地の周辺では個人の家屋敷に入り込んだり、田畑を踏み荒らしたり、釣りあげた魚を多量に持ち去ったり、意図的に多くの採取を目的とした用具を持ち込んだり、色々な問題が起きている。産卵母貝を採取する者までおり、貴重な個体群を維持するためには、何らかの規制や方策が必要になってきている。

COLUMN

タナゴ類の繁殖

タナゴ類は関東地方には在来種が５種、国内外来種が１種、外来種が２種生息している。このいずれの種も繁殖のためにマツカサガイ、ヨコハマシジラガイ、ドブガイ（ヌマガイ＋タガイ)、カラスガイなどの二枚貝（イシガイ科）を必要とする。タナゴ類はこれらの二枚貝に産卵し、卵は二枚貝のエラ内で発生が進み、約一月後に二枚貝からタナゴ類の稚魚が出てくる。タナゴ類にとって二枚貝は繁殖のために欠くことのできない存在だ。

ところが二枚貝は常に水底の砂泥の中に体のほとんどを沈めて、水管のある体のほんの一部しか見せていない。極めて地味で目立たないに存在である。巻貝のタニシやカワニナのように動いた痕跡もほとんど見えない。大きさや形状が違っても殻の色はほぼ黒色で色彩感はない。さらに水質悪化による貧酸素水が発生すると、水表面の空気から最も遠い川底にいる二枚貝は、すぐに酸素欠乏に見舞われて窒息死することになる。また、水質が悪くなると粒子の細かいシルト質が堆積して本来の生息環境である砂質から変化し、硫化水素が発生するようになる。二枚貝がタナゴ類より先に絶えてしまう原因はここにある。

さらに二枚貝（イシガイ科）は繁殖するには、幼生を寄生生活させる相手が必要だ。いずれの二枚貝も、幼生が魚のヒレやエラや体の一部に寄生して、魚から栄養を摂取する時期がある。魚に寄生している期間は、移動能力の乏しい二枚貝が大きく移動するチャンスでもある。魚種によっては 50 〜 100m、時にはさらに上流へ運んでくれる訳だ。幼生が寄生する相手は常に川底近くに居る底生魚、特にハゼ科の魚が多いが、ドジョウなども利用する。寄生期間は 10 日程度で、それ以降は魚から脱落して、川底に落ちて二枚貝としての生活を始める。これらの生活史が完結するには、底生魚が豊富に生息している事と、二枚貝として初めて生活する川底の環境が大切なことは判明しつつある。

この大切な二枚貝をタナゴ類の生活する水域で採取する人が少なからずいる。自分が飼育しているタナゴ類を水槽の中で繁殖させようとする人々だ。水槽に入れられた二枚貝はタナゴ類繁殖のための器でしかなく、例え飼育後にもとの川に放されても、飼育期間中は絶食状態に置かれて衰弱している（二枚貝は濾過食者なので満足に餌を与える事が難しい)。二枚貝を採取する行為は自然状態で生息するタナゴ類の繁殖の機会を奪うだけでなく、二枚貝そのものの衰弱もしくは死亡させる結果となっていく個体群の衰退を招く行為だ。タナゴ類と二枚貝双方の繁殖を阻害する行為であることを、二枚貝を採取する人々は理解していない。特に流水性の二枚貝は飼育も難しく特別な保護対策が必要な時がきている。

関東で販売される二枚貝の多くは関西方面からの物が流通しており、関東地方の二枚貝とは種が異なる事が多い。購入して二枚貝を放せばタナゴ類が繁殖すると思っている人の行為は、生息しているのとは異なる種を放す行為で、倫理上許されるものではない。タナゴ類を取り巻く環境の複雑さと難しさを示す一例である。

コイ科バラタナゴ属

タイリクバラタナゴ

学名：*Rhodeus ocellatus ocellatus*

都幾川流域での生息する場所は下流域の用水路が主で、標高 80m 付近まで生息している場所がある。

タナゴ類では比較的小型の種で多くは５㎝程度までであるが、稀に最大８㎝程度までになる。体高がある種なので比較的流速の遅い場所や流れのほとんど無い場所の物陰に隠れて生息している。個体数は少なくはないものの他の魚に混じって釣れる程度である。タナゴ釣りマニアの間ではオカメと呼ばれ、小さい個体を競って釣り、２㎝程度の個体まで釣りの対象としている。タナゴ釣り専用の小型の釣針もある。

繁殖は春から始まり、夏には未成魚が見られる。産卵期は春（４月）から初秋（９月）までとコイ科の魚としては長く続くので、産卵期が終わる頃にはその年に最も早く生まれた個体は性成熟しているし、初冬にも米粒のような稚魚もいる。産卵貝は他のタナゴ類と同様に二枚貝でマツカサガイやヨコハマシジミガイなどと推定され、産卵管が長く延びることから大型のドブガイなどの 20 ㎝近い貝まで利用できる。またシジミ類を使って繁殖もするようだ。オスの婚姻色は美しく、メスや未成魚は背ビレに黒い斑点があるので判別が容易である。

この魚は水槽に入れると体高があるので見栄えがする。本来は中国大陸原産の外来魚で、戦時中にソウギョ・レンギョなどに混じって入ってきたものだ。都幾川水系への由来は不明である。

上 オス 下 メス　産卵期の個体

【分布範囲】 都幾川流域では最も下流に片寄った範囲に生息しており、下流側の用水路が主な生息地である。少しだか嵐山町にも生息するが、意図的な放流の可能性がある。

【特徴】 上から見ると他の魚よりも細く見えるが水槽に入れると体の幅（高さ）があるので、見栄えがする。性質も比較的温和で飼い易い。メスの産卵管は長いものでは体の長さ以上にもなる。メスや未成魚は背ビレに黒斑があるので識別は容易である。

【食味】 食用にできるが苦いと言われる。食べたことはない。霞ヶ浦周辺では佃煮があるとの事。

【特記事項】 タナゴ類はどの種も繁殖に二枚貝が必要で、その二枚貝をヤリタナゴと奪い合う関係にある。

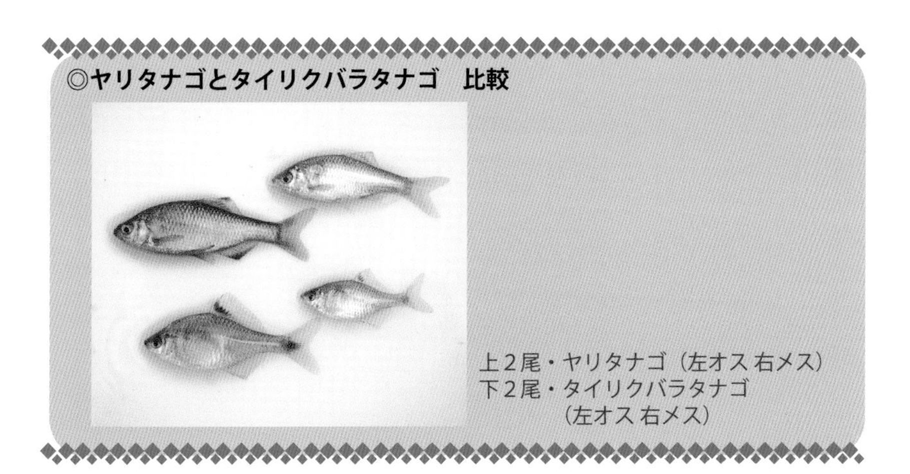

◎ヤリタナゴとタイリクバラタナゴ　比較

上２尾・ヤリタナゴ（左オス 右メス）
下２尾・タイリクバラタナゴ（左オス 右メス）

タイワンドジョウ科タイワンドジョウ属

カムルチー（ライギョ）

学名：*Channa argus*

都幾川流域では下流側から標高 100m 付近まで生息する。水の淀んだ渕や瀞、アシの間などの物陰に潜み、小魚などを捕食する典型的な肉食魚。魚やカエルなど口に入る大きさであれば活発に捕食する。

ナマズとともに都幾川では大型の捕食性の魚の双璧であるが個体数は多くない。主に春から秋まで活動し、最大個体は 80 ㎝以上になるが水域の限られる都幾川流域では 50 ㎝程度までのようだ。大型個体は捕まえて生かしておくとアメリカザリガニを吐き出すことが少なからずある。夏には稚魚の群れの下に、それを保護する親魚が見られる。体は寸胴で背ビレが長く大型魚は模様もほとんど見えなくなって丸太のようである。

夏頃の未成魚

小型魚は二列の四角い迷彩な模様が体全体にあるが大型魚は不明瞭になる。空気呼吸も併用するので水面に出られないと死ぬ場合もある。中国大陸原産の外来魚で 1920 年代にはすでに日本に入っていたらしい。

【分布範囲】 都幾川流域では主に下流に生息するが、標高 80m 付近まで生息している場所がある。

【特徴】 背ビレと尻ビレが長く、体は長く幅があり大型個体は断面も丸く、丸太のようだ。口は大きくカエルやザリガニなどをよく捕食する。水面近くにいることが多い。

【食味】 食用にできる。三枚におろして唐揚げなどで美味だが、寄生虫で知られるので刺身等の生食は厳禁。よく加熱すること。中国大陸では食用として活魚が市場流通している。

カムルチーが生息する環境

コイ科ヒガイ属

ビワヒガイ

学名：*Sarcocheilichthys variegatus microoculu*

都幾川流域では下流側に偏って生息する。川島町の長楽用水では比較的安定的に見られるが多い魚ではない。本種は卵をイシガイなどの二枚貝に産卵するので、二枚貝が生息していることが繁殖場としての絶対的な条件となる。二枚貝の生息している場所は都幾川流域でも下流側に限られるので、ヒガイの見られる場所もそれに伴って限られている。

7～8㎝程度の個体は時折みられるが、10㎝を越す個体は多くない。これまでに13㎝の個体を確認している。川遊びで目にすることは稀で、もし捕まえることができたなら幸運だ。偶然の機会に恵まれることが必要だ。最も上流での確認は標高30mほどの月田橋付近までである。

小型魚はヒレが黄色い

【分布範囲】都幾川流域では下流域やそれに続く用水路などで見られ、個体数も多くないので出会える機会は少ない。

【特徴】鱗はやや粗く、体側は銀白色でやや幅の広い暗色の帯があるとともに小さな暗色斑が散在する。背ビレには一本の明瞭な黒色帯がある。口が下向きについており、吸い上げるのに適した形態をしている。繁殖には二枚貝を必要とする。

【食味】食用にする。冬の個体は塩焼きで美味。以前、原産地の琵琶湖の網で冬に獲れた20㎝を越す個体を塩焼きにして食べる機会があり、適度な脂があってなかなか美味だった。

COLUMN

ミヤコタナゴは生息しているか

ミヤコタナゴは都幾川流域に生息しているのだろうか。川の魚たちに興味のある者は、一度は持つ期待であり、疑問でもある。

生息が噂される水域もある。埼玉県下には所沢市と滑川町に生息していた記録がある（いずれも飼育環境下では生存）。しかし、現実に川を歩いて魚を調査している者にとっては、それは期待でも希望でもなく、間違いなく野生の個体はすでに生息していないと言い切ってよいと思う。ミヤコタナゴが生息するだけの環境がすでに残されていないのだ。

一番の要因はタナゴ類が産卵する二枚貝が生息していないことだ。ミヤコタナゴが産卵するマツカサガイやヨコハマシジラガイが健全に生息できる、流量の安定した砂礫底の河川環境がすでに県内にはない。そしてライバルの存在だ。

ミヤコタナゴが現在残っている栃木県などの生息地は競争相手となるタナゴ類が生息していないことが大切な要件だが、埼玉県内には在来種はすでにヤリタナゴが都幾川流域に残っているだけで、この生息地にはタイリクバラタナゴや、カネヒラが生息する。

ライバルのタナゴ類が生息しない、そして二枚貝の生息している水域は、すでに県内には存在しないだろう。

飼育個体

コイ科カネヒラ属

カネヒラ

学名：*Acheilognathus rhombeus*

都幾川流域での生息する場所は下流域の用水路が主で、標高 80m 付近まで生息している場所がある。

日本産のタナゴ類では最も大型になり 15 ㎝以上の個体の記録が知られるが、都幾川流域では 10 ㎝程度までの事が多い。個体数は多くなく、他の魚に混じって釣れる程度だが毎年繁殖しているようで、夏には未成魚が見られる。

産卵期はコイ科の魚としては珍しく秋である。産卵貝は他のタナゴ類と同様にマツカサガイなどと推定されるが調べられていない。ヤリタナゴ同様に産卵管が長くないので大型の二枚貝は利用していないと推定される。本来は近畿地方より西に分布し、都幾川には琵琶湖産アユの放流に混じって入ったものと推定される。

8 ㎝ほどのカネヒラ・オス

大型（13cm）のカネヒラ・オス

上メス　下オス

カネヒラペア

【分布範囲】 都幾川流域では最も下流に片寄った範囲に生息しており、河川よりは用水路が主な生息地である。意図的な放流によって生息するようになった可能性もある。

【特徴】 背ビレと尻ビレが長く大きいので特に体の幅があるように見える。本来は 10 ㎝以上に育つ大型のタナゴ類である。短い髭がある。産卵期は秋であることが知られ、婚姻色の顕れた個体を 10 月に確認しているが、産卵の確認はできていない。

【食味】 食用にできるが食べた話は聞かない。

コイ科コイ属

コイ

学名：*Cyprinus carpio*

都幾川流域では中流域の一部と下流域に生息している。堰の上の停滞水域や溜池にも必ずと言ってよいほど放されたと思われる個体が見られる。生息する場所の多くは緩流域から止水域である。

本来は 80 ～ 90 ㎝、時には 1m に達するが、水域が広くない都幾川流域では 60 ㎝程度までがほとんどである。

初夏の頃が産卵期で水面に浮いた水草等に 1 尾のメスを数尾のオスが群れて追いかけて卵を産み付ける。

大きな渕や池などに生息するのが見られるが、人の手による放流の影響を強く受けている。コイには野生のノゴイ型と人が飼育したヤマトゴイ型が知られているが、釣りをする人は特に分けていないようだ。

生長の良い個体は
17cm にもなる

秋の小型個体

ヒゴイ（緋鯉）を代表とする色ゴイはいずれも日本で見出された観賞用の飼育品種であり、カガミゴイなど鱗の少ないコイはヨーロッパで開発された食用の飼育品種である。

平成 16 年より病気（コイヘルペス）の発生によりコイの移入・移出が禁止されている。

最近の研究では、琵琶湖産を除いて多くのコイが中国からの移入ではないかと考えられている。

【分布範囲】 都幾川流域では最下流からときがわ町玉川付近まで、槻川などにも放されて小川町付近まで生息する。溜池にも必ずと言ってよいほど放たれている。寿命が長く、10 年以上生きる事は普通である。

【特徴】 鱗は大きく縁取りがある。口髭が 2 対ある。

【食味】 広く食用にする。煮つけ、コイこく、アライ等だが最近は食用としての需要はかなり減っているようだ。

大型個体

コイ科フナ属

フナ類

ギンブナ　学名：*Carassius* sp.
ヘラブナ（ゲンゴロウブナ）　学名：*Carassius cuvieri*
キンブナ　学名：*Carassius buergeri* subsp.2

都幾川流域では生息場は中流域から下流域が主で標高 100m 付近まで生息している場所がある。どこでも数は多くない。

時に 20 ㎝程度の個体がいるが稀だ。ずんぐりとした体型で川底からわずかに上を泳ぎながら群れで川底や池の底近くをつついて餌を探している。10 ㎝くらいまでの個体がほとんどで、河川でみられるのはほとんどがギンブナである。20 ㎝を越す大きな個体は尾柄（尾ビレの付け根）が太く体の後ろが途切れるような感じがする。

小型のギンブナ

大型ギンブナ

キンブナ

関東地方のギンブナにはほとんどオスがいないことが知られる。メスは３倍体で他の魚の精子の受精刺激で発生するといわれる。

一方、溜池の一部や最下流の鳥羽居沼ではゲンゴロウブナの飼育品種であるヘラブナが放されている。釣りの対象としては水田脇の小水路などで見られる在来のギンブナと溜池などで放流されたヘラブナである。すでにキンブナは釣りの対象となるほど生息していない。キンブナは小型が多く最大でも 15 ㎝ほどと小型のフナだ。また、時にはギンブナとヘラブナが交雑したような個体もいて、判断に迷うようなこともある。

通称・ヘラブナ

フナ類は雑種も存在するのでよく見ると色々な形態のものが居るが、河川で見つけられるものはほとんどがギンブナだ。減少が著しいのはキンブナでなかなか見つけることができない。

【分布範囲】都幾川流域では最下流からときがわ町玉川付近まで、槻川や兜川などでは放されたと思われる個体が小川町から一部は東秩父村にまで生息している。ヘラブナが生息するのは鳥羽居沼や釣り堀として利用されている溜池が主な場所だ。

【特徴】鱗は大きい。口髭はない。小型のうちはどのフナか判別が難しいが大きさが５㎝を過ぎると特徴が顕れてきて 10 ㎝あればほぼ識別可能だ。関東地方のギンブナはオスがほとんど存在しない。ほかの魚の精子で受精することが知られているが、その様子を私は見たことがない。

体の厚みがあり、上から見るとフナはずんぐりとしていてコイと簡単に判別できる。

【食味】広く食用にできるが、あまり利用されていない。決して不味い魚ではないが、利用可能な大きさの魚は少なく、食材として用いられてない状況だ。

メダカ科メダカ属

ミナミメダカ（メダカ）

学名：*Oryzias sakaizumi*

都幾川流域では下流域の一部とそれに続く用水路に生息している。最大で４㎝程度で多くは２〜３㎝ぐらいだ。

生息する場所は小さな支流や用水路の草陰などで、小さな水域に生息することが多く、本流では稀に見られる程度だ。

春、日差しが暖かくなり水が温みはじめると近くの小川を覗きたくなる。橋の下や杭のある場所、草が水面まで垂れ下がっているような場所を注意深く探すと、少し流速の緩んだ場所に群れが見られることがある。

春先のメダカは去年秋から厳しい冬を越した個体なので、少し大きめの個体が数尾の群れを形成していることが多い。このメダカはこれから繁殖の季節を迎えるので梅雨くらいまでは網を出したりせずにそっとしておきたい。この親が５月末にもなると繁殖を始め、初夏の頃には小さなメダカがあちこちに見られるようになり、稀に親の大きなメダカがいる。こうなったらメダカ掬いの季節到来である。最も大きいメダカは去年からの親メダカなので放して、中間くらいの大きさのメダカを捕まえるのが良いだろう。本来メダカは水面近くを泳ぐ魚なので驚かせても10分も待っていると再び水面に浮いてくる。中間サイズのメダカを飼うと、水槽に慣れる頃には餌をたくさん食べて、次から次へと卵を産んでくれる。

用水路や小川では、秋めいて稲穂が黄色く染まる頃には草の影などに驚くほどの数の群れがいて、数百尾にもなる大きなメダカの群れを見ることがある。初夏の頃から増えたメダカが大群になっているのだ。この春から秋に増えた多くのメダカは、冬を迎える頃からサギやカワセミ、その他多くの鳥やタイコウチやミズカマキリなどの捕食者に狙われて、多くの生き物の餌となっている。

翌年の春までには僅かな数となってしまうが、再び春を迎えられた個体は幸せである。田植えの頃から繁殖が始まり、秋までにはかなり増えるのが普通だ。

草が少しある用水路が好適な生息地

【分布範囲】 都幾川流域では最下流から嵐山町二瀬付近までの本川と付近の用水路に見られる。分布の中心は川島町の用水路で、個体数が増える夏頃からは水田の中でも泳ぐ姿が見られる。

【特徴】 鱗は体が小さいのに対して比較的粗い。背ビレの位置が著しく後ろにあるので横から見れば誰にでも判別できる。上から見ても頭近くが最も体の幅があり、〒（郵便記号）の形が容易に見えるので識別は容易だ。体の動きも直線的なので遠目にも識別しやすい。オスメスは尻ビレの形で判別する。「メダカの学校」の歌は群れの様子をよく表している。県南部の市街地近くではメダカに似た外来種、カダヤシがかなりいる。私の知る限り、都幾川流域でカダヤシは見つかっていない。

【食味】 食用にする話は聞かないが、新潟県でメダカの佃煮があるとのこと。類縁の近い魚ではサンマやトビウオがいるのでおいしいかもしれない。

【特記事項】 メダカは 2012 年にミナミメダカとキタノメダカの２種に分けられ、本州太平洋側の個体はミナミメダカとされる。

ドジョウ科ドジョウ属

ドジョウ

学名：*Misgurnus anguillicaudatus*

　都幾川流域では生息場は中流域から下流域が主で標高 100m 付近まで生息している場所がある。水田があれば中流域でも見られ、水田とその周囲の泥質の水路に依存している。

　嵐山町から下流には広く生息し、川底が泥の場所にはほとんど生息する。水田が一面に広がる川島町には普通に生息するが生息密度が著しく高い訳ではない。

　生活史は水田耕作と連動としており、田植え時に水田から暖かい水が供給されると遡って行き、産卵が始まるようだ。

　上流側の生息地は水田から水の落ちる小支流の合流点などに局在している。餌は主に泥中に生息するイトミミズ、ユスリカ幼虫などのベント

メス個体

用水路や水田の泥の堆積がある場所が生息地

スと呼ばれる小動物やミジンコ類など。口の周囲にある髭を使って探し出してモゴモゴやっている。危険を察知すると泥中に隠れる習性がある。

最大個体は 20 cmを越える個体がいるが大型の個体はメスで、オスは中型で 12 cm程度まで。従来からの水田環境によく適応している種で、最近の圃場整備によって著しく減少している。水田や水路に遡上してくる個体を捉える網籠(ドウ)が時々設置されているのを見る。キタドジョウは確認していない。

【分布範囲】都幾川では最下流から標高 100 m程度までに多くの個体がいる。

【特徴】メスが大きく、オスは顔が細く胸ビレが長く識別できる。髭は10 本。腸呼吸も行うので時々「おなら」をする。

【食味】食用で柳川鍋やドジョウ汁、大型の個体は開いて蒲焼などにもされる。食用に店頭で売られるものの一部には韓国などから輸入されたものがあり、カラドジョウなども含まれることがある。

ドジョウ科ドジョウ属

カラドジョウ

学名：*Paramisgurnus dabryanus*

都幾川流域では生息場は最下流域やその近くの用水路で確認されている。

生活史はほぼドジョウと同じと思われる。食用目的に輸入されたドジョウに混じっていたものが放されたか逃げ出したと推定される。

生息が知られている場所は市街地内の用水路などが多く、本種の拡散に人が関わっていることは間違いないだろう。食用目的のドジョウは安易に放流しないことが大切だ。他にも、従来は知られていないドジョウが輸入され放されている可能性は否定できない。

上2尾はドジョウ
下2尾はカラドジョウ

【分布範囲】都幾川では最下流の用水路から時々確認されている。

【特徴】確認される場所は、市街地の場所のことが多い。

【食味】食用で柳川鍋やドジョウ汁、大型の個体は開いて蒲焼などにもされる。食用に店頭で売られるものの一部には韓国などから輸入されたものがあり、それに混じっている。

COLUMN

面的破壊の圃場整備事業

水田や畑の区画整理にあたる「圃場整備事業」という事業がある。何 100ha もあれば国営で、50 ～ 100ha ほどの地区なら県営で、それ以下なら市町村営で地区を定め、土地の所有者の同意を得て行われ、費用負担もある。田や畑は耕作地であり、田には水を得る水利権という権利がある。

今の農業の担い手の多くは 60 歳近い。道を太くし、水田の形を四角にして大型の機械が入るようにして、楽して耕作がしたいのは誰もが同じだ。

県内の農地ではすでに一度は整備が行われている場所がほとんどだが、まだおこなっていないところも少しはある。このような未整備の場所に、今では多くの場所で失われてしまった動植物が生存していることがあり、貴重種と呼ばれる。かつては当たり前に水田に生えていた雑草が、かなり高いランクに入ることがあり得る。

県内のタガメなど身近な生物が絶えたことと、この事業の関係は深く、この事業の実施により絶滅に至る生息地の数は多くあり、一刻も早く事業の実施方法について改善が望まれる。

現在の農政側の生物配慮の進め方では、さらに多くの絶滅種が出現する事になる。

初夏 田植えをしている水田（嵐山町） 2013.6
（この水田は翌年から耕作されていない）

ウナギ科ウナギ属

ニホンウナギ

学名：*Anguilla japonica*

都幾川流域では散発的に確認される事がある。すでに流域では稀な魚となって久しい。

本来の生活史は稚魚が海から遡上して来るもので、クロコと呼ばれる鉛筆程度の大きさの個体が初夏の頃には都幾川に到達して遡上した筈だ。川では完全な動物食でミミズや小魚などを餌として数年間生育するが、永いものでは10年も生存し1m近くになるものもいる。

大型の個体は全てメスだ。秋めく頃に海に向けて下り、黒っぽい銀色になって下りウナギと呼ばれる。胸ビレも長くなる。夜行性で人目につきにくいことから、なかなか実態が調べられてこなかった。かつては置き針でギバチやナマズなどと供に獲ったことのある御仁も少なからずおられる筈だ。

これほどまでにウナギが減ったのには二つ理由がある。ひとつは日本人が食べてしまったことだ。日本産ウナギは冬から早春の頃に河口に南方の黒潮海域からシラスウナギとなってたどり着くが、これを捕まえて養殖ウナギの種苗としている。早いところではこのシラスウナギを1年かけて蒲焼サイズまで養殖場で魚のミンチなどを与えて生長させて、土用の丑の日までに出荷して蒲焼になる。

日本ばかりでは足りなくて中国や台湾でも同様の方法でシラスウナギ

30cmほどのウナギ

を捕まえて養殖し、日本の市場に合わせて蒲焼を作り冷凍品として輸入されたり、生きたウナギを輸入して日本で太らせてから出荷され、いずれも日本人がほぼ全てを食べている。日本で捕まえるシラスウナギも中国や台湾で捕まえるものも、同じ資源を別々の場所で採っている訳で、ウナギを急速に減らすこととなった。

砂から顔を出す個体

日本の周囲のウナギだけでは需要を満たせず世界中から色々な種類のウナギを輸入するようになり、ヨーロッパウナギも養殖されているとの話を聞く。

二つ目は河川の遡上障害物だ。都幾川をはじめ埼玉県内の河川には多くの魚の遡上を妨げる堰がたくさんある。アユなども海から遡上して来るのは容易ではない。堰ひとつを越えるのもなかなか大変なのに、いくつもの堰がある。現在の都幾川流域の特徴として海から遡上して来る魚がほとんどいないことで、それは数多い堰が障害となっていることは間違いない。

【分布範囲】 都幾川ではきわめて稀。もし見る機会があったら幸せだ。夜行性なので昼間に出会えることはほとんどないので見る機会が少ない理由のひとつだ。川に幾分濁りのある時とか、夕方近くに水底が暗くなる時に渕底に姿を見せることがある。

【特徴】 特徴は細く長く典型的なウナギ型。メスが大きくなり 80 ㎝～1m、オスは 60 ㎝くらいまで。養殖すると多くの個体がオスとなってしまうことが知られる。

【食味】 食べ方は誰もが知っている蒲焼。ウナギの骨から出汁を取り、それを煮詰めて蒲焼のタレとする。大型の個体は頭を塩焼きにするとまた美味。蒲焼の残りの骨を使った骨せんべいも揚げたてはおいしい。血液に毒があるので生食はしないこと。50 ㎝以下の個体は脂ののりが足りず旨いとは言えない。

ハゼ科ウキゴリ属

ウキゴリ

学名：*Gymnogobius urotaenia*

都幾川流域での生息する場所は下流域の用水路が主で、標高 80m 付近まで生息している場所がある。

個体数が少ないので目にすることは多くなく、偶然の機会に出会う程度だ。最大では 10 ㎝を越える個体がいるが、都幾川流域ではこの大きさに育った個体はめったにいない。小型個体は渕などの流れの緩い場所で浮いている事が多いのでウキゴリと呼ばれるようだ。大きくなると頭が扁平になり体側には黄色のバンドが出来て凄みが増して独特の雰囲気がある。

餌は動物食で水生昆虫やミミズなど色々なものを食べる。産卵期は春から始まる。大きめの礫下に隠れて産卵場所をオスが造る。

10cm 近い大型個体

【分布範囲】 都幾川では最下流から標高 80 m程度までに見つかることが多い。

【特徴】 6～7㎝くらいから頭が平らになってくる。第 1 背ビレの後ろ側に黒班がある。

【食味】 食べたことはない。ハゼ科なので味は良いと思われる。

コイ科タモロコ属

ホンモロコ

学名：*Gnathopogon caerulescens*

川の中で自然状態で生息するホンモロコはまだ確認していないが、カワセミを撮影に来る人々が、カワセミをおびき寄せるための餌として、度々ホンモロコを用いているのを見た。

川の中もしくは川の脇のカワセミが立ち寄りそうな撮影に好適な場所に止まり木を立て、水中に餌として生きた小魚を放ち、カメラをセットして待つ方法で撮影する訳だ。

この時、生きた餌として、最近広く養殖されるようになったホンモロコが用いられている。撮影者にとっては手頃な場所で生きた餌となる小魚を購入できるので、都合が良い訳だ。幸い河川内で繁殖した例は聞かないが、湖沼でホンモロコが繁殖した例が県内ではすでにある。本来生息しない魚が手に入りやすいから使い、生き残ったホンモロコは川に放されている。

撮影者のモラルが問われる。

【食味】本来食用に飼育されている魚である。琵琶湖産の冬を迎える頃の本種は骨が気にならず、素焼きで美味であった。

水産試験場産のホンモロコ

ハゼ科ウキゴリ属

ムサシノジュズカケハゼ（ジュズカケハゼ）

学名：*Gymnogobius* sp.1

　都幾川流域では生息場は中流域から下流域が主で標高 100m 付近まで生息している場所がある。どこでも数は多くない。

　大きさは最大でも６㎝程度の細長いハゼで、川底が砂から泥に変化するような場所にいる傾向がある。都幾川流域では川底が泥の場所は限られるので、泥の場所に局所的に分布している。

　淡水魚にしては珍しく産卵期が冬から春にかけての寒い間で、メスに婚姻色が現れることが知られている。２月頃になるとオスが泥底の場所に巣穴を造り、そこにメスが来てペアで産卵し卵はオスが守る。メスの婚姻色は腹部が黄色くなり、背ビレや尻ビレ、腹ビレが黒くなるのでわ

秋頃のムサシノジュズカケハゼ

普通のムサシノジュズカケハゼ 上
婚姻色が現れ始めた個体（下 メス）

かりやすい。

産卵期は冬の間で5月頃に1～1.5㎝の稚魚が産卵場の近くに出現する。最近、本種がマツカサガイの幼生の良い奇生相手であることが判明した。水槽内では多くのハゼ科の魚がやる水槽内でガラス面に着く行動（垂直立ち）をほとんど行わない。動物性の餌を常に必要とする。冬でも活発とは言えないまでも活動している。

ハゼ科4種の中では最もおとなしく、水槽内に同居する他の魚を追いまわしたり、傷付けたりする可能性は低いが動物性の餌が無いと痩せていく。

【分布範囲】 都幾川では最下流から標高100ｍ程度までに多くの個体がいるが、時にそれより上流でも泥の堆積した場所があると生息していることがある。

【特徴】 メスに婚姻色が出る数少ない種だ。飼育するには餌が動物食なので生きた餌が必要で継続的に飼うには工夫が必要だ。他の魚の混泳も相手を選ぶ必要がある。

【食味】 食べたことはない。ハゼ科なので味は良いと思われるが、味がわかるほど集めるのが大変である。

産卵時には背ビレと腹ビレはさらに黒くなる

婚姻色が現れ始めたメス個体

ハゼ科チチブ属

ヌマチチブ

学名：*Tridentiger brevispinis*

都幾川流域での生息する場所は下流域の用水路が主で、標高 80m 付近まで生息している場所があるが個体数はハゼ科４種の中で最も少ない。

最大で 10 ㎝を超え 12 ㎝ほどになるが体が寸胴で太く、顔に１㎜くらいの青白い点が散在するので迫力がある。オスの第１背ビレの刺が糸状に長く伸びて一目でオスと解る。都幾川流域では 10 ㎝近くに育った個体は、かなり少ないが一度みたら忘れられない迫力がある。

餌は動物食で魚の稚魚も食べることがある。繁殖は他のハゼ科魚類に類似していると推定するが見たことはない。水槽の中では垂直立ちをよくする。

8cm ぐらいの個体

【分布範囲】 都幾川では最下流から標高 80 m程度までが確認することが出来る場所だが､個体数が多くないので偶然の機会に見つかる程度だ。

【特徴】 5 ㎝くらいから頭に青白い点が散在するのがはっきりしてくる。鱗は大きい。体が寸胴で太く識別しやすい。口も大きい。

【食味】 食べたことはない。ハゼ科なので味は良いと思われる。味がわかるだけ集めるのが大変だ。四国、四万十川ではゴリ曳き漁で漁獲されているのもこの仲間だ。

COLUMN

ヌマチチブとウキゴリ体幅の違い

いずれもがそれほど生息密度は高くないので、狙ってとれる魚ではない。10㎝を越えるような大型ならばなおさらである。この2尾を並べて上から写真を撮ると、その違いが明らかになる。ヌマチチブの体の太いことだ。もともとふてぶてしい感じは小型の魚でもあるが、大型のものは、その感じが増している。いずれも肉食が強く色々な小動物や稚魚を餌とするが、ヌマチチブのほうが凶暴な感じがする。水槽で飼育すると同居する魚を追いまわしてヒレなどを食べてしまい、乱暴ぶりはよく分かる。ウキゴリは大きくなるほど頭が扁平になる傾向があり、物陰に隠れるための適応かと思えるが、ヌマチチブはそこにいるだけで魚ではなく石のようになり、物に見えてしまう雰囲気がある。

なお、ヌマチチブは池などには小型で5㎝に未たない大きさで成熟するものがいるが、ウキゴリは緩くとも流れのある場所にいることが多く、水の流れない池ではみたことがない。

ヌマチチブ（上）と
ウキゴリ（下）

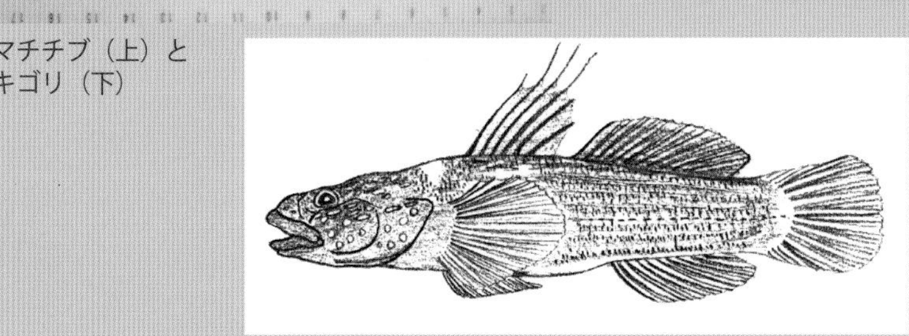

ヌマチチブ（オス）のスケッチ

サンフィッシュ科オオクチバス属

オオクチバス

学名：*Micropterus salmoides*

都幾川流域での生息する場所は主に溜池で見られることが多く、河川の堰の上の停滞水域にも見られることがある。このような場所にオオクチバスがみられるのは、いずれもが自分勝手な自分だけの釣り場が造りたいバス好きな釣り人の密放流が主な原因である。

本種は典型的な魚食魚で冬場以外は活発に魚やエビ、カエルなどを捕食する。最も大きくなると60㎝、3kgくらいまでになりカモのヒナなど水鳥を襲った例がある。溜池に放すとどうなるかはコラムで取り上げた。

都幾川流域では一時期は拡散すると思われたが、水域が広くないことから河川ではあまり見られる機会は多くなく、堰上げた停滞水域などで見られるが、大水が出て堰を上げるとどこかに流出してしまう。河川よりは溜池などの水の停滞した水域でみつかる例がほとんどだ。

全国のバスが生息する水域では積極的な駆除対策が求められているが、都幾川流域ではそこまで顕在化してないように思う。

夏には10cmほどに生長する

【分布範囲】 都幾川では最下流から標高 80 m程度までにみられることがある。また流域の溜池にも密放流により局在分布している。

【特徴】 下顎が上顎より先に突出し、腹ビレが胸に近い場所にあり、第一背ビレが硬く（刺条)、第二背ビレが柔らかい（軟条）典型的なスズキ類の形態をしている。食性はほぼ肉食で同じ水域に生息する魚類や両生類、甲殻類に与える影響は大きい。

【食味】 スズキに近いので食味は白身魚の特徴があり、それほどまずくないが、皮は青臭い臭いがあるので、皮を剥いで利用すればフライなどで食べられる。

COLUMN

芦ノ湖から拡散されたオオクチバス

1925 年に北アメリカから箱根の芦ノ湖に釣りの対象として意図的に民間によって移殖された。当時は他の流域に拡散しないように場所選定がなされたらしい。既に持ち出された場合、本種の顕著な動物食性が水域の生物に対する影響が予測されたからだ。しかし、移殖から約 40 年が経過した 1960 年代に神奈川県相模湖に生息するようになり、数年後にはその下流の津久井湖でも生息するようになった。津久井湖の例は自然流下による生息地の拡大と推定された。1970 年代に入ってから全国各地に持ち出されて拡散した。移殖の多くが釣り目的のゲリラ的放流であり、湖で漁業が営まれている琵琶湖や霞ケ浦での漁業被害は大きく、本種の拡散が外来生物法 (特定外来生物による生態系等に係る被害の防止に関する法律) の成立のきっかけとなった。現在は外来生物法の特定外来生物に指定され、生きたままの移動が法律で禁止されている。

都幾川流域で中・下流の止水域や緩流速の水域には普通に見られるほどに生息している。溜池等に意図的にゲリラ放流している者が現在も少なからずおり、これが拡散する原因でもある。特定外来生物にはオオクチバス、コクチバス、ブルーギル、チャネルキャット（アメリカナマズ)、コウライギギなどが指定されている。止水域にはオオクチバスとブルーギル、流水域にはコクチバスが多い。

サンフィッシュ科オオクチバス属

コクチバス

学名：*Micropterus dolomieu dolomieu*

都幾川流域での生息する場所は主に河川内で見られることが多い。

中流域に見られることがあり、このような分布はいずれもバス好きな釣り人の密放流が主な原因と思われる。

本種も典型的な肉食性で流水への適応がオオクチバスよりすぐれ、流れの中の物陰に定位して小魚を狙う姿を見ることがある。

最も大きくなると 50 ㎝、2.5kg くらいまでになり魚やエビ、ザリガニ、カエルなどを捕食する。

【分布範囲】 都幾川では最下流から標高 150 m程度までにみられることがある。溜池での生息は確認していないが、密放流される可能性は高い。河川内では突然見られるようになり、サイズ的にも突出しているので、意図的な放流が継続されていると判断される。

【特徴】 下顎が上顎より先に突出し、腹ビレが胸に近い場所にあり、第一背ビレが硬く（刺条）、第二背ビレが柔らかい（軟条）典型的なスズキ類の形態をしている。食性はほぼ肉食で同じ水域に生息する魚類や両生類に与える影響は大きい。オオクチバスよりも褐色が強い。

【食味】 スズキに近いので食味は白身魚の特徴があり、それほどまずくないが、皮には臭いがあるので、皮を剥いで利用すればフライなどで食べられる。

◎オオクチバスとコクチバス　比較

オオクチバス

コクチバス

COLUMN
川のバス
（コクチバス）

昭和から平成にかけて増加したのがオオクチバスとブルーギルである。そして平成 10 年以降は河川にコクチバスが意図的に放されて見られるようになった。これまでのオオクチバスが暖かく流れの無い場所（止水域）に居るのに対して、コクチバスは冷水や流れる水にも棲めるので、これまでバスの居なかった河川を主とする水域に適応して生息している。都幾川流域でも各所から、放されて間もないと思われる個体が得られているが、私の知る限りではあまり繁殖している場所は見られていないのが幸いである。

多くの釣りがオフシーズンとなる冬に、河川の思わぬ場所でルアーを振る釣り人を見掛けたら疑ってみる必要がある。こっそりと禁止されている魚（特定外来種）を放して釣りを楽しむ人たちが行った行為が、新たな捕食者を侵入させて現在でも多くない川の魚達をさらに減らすこととなる。

サンフィッシュ科ブルーギル属

ブルーギル

学名：*Lepomis macrochirus macrochirus*

　都幾川流域での生息する場所は主に溜池で見られることが多いが、河川の堰の上の停滞水域や用水路にも見られることがある。

　本種はオオクチバスとともに放された例が多い。最大でも 20 ㎝程度であり、よく目にするのは夏に３～８㎝程度の、その年生まれの稚魚である。15 ㎝を越すような成魚を見る機会は多くない。

　オオクチバスと同じ溜池などに居ると多くの個体がオオクチバスの餌として食べられて、わずかな数の成魚が存在しているだけになっている。ところがオオクチバスのいない場所にブルーギルだけが居ると、魚やエビ、ザリガニなど動く生き物に反応して積極的に捕食するので、たちまちこれらの動物を食べつくし､在来種は卵や稚魚をほとんど食べられてしまい、ブルーギルの口に入らない大きさの大きなコイなどの大型魚だけが生き残るが、繁殖できないために数年後には絶えてしまう。

　ブルーギルの脅威は応盛な好奇心と動くものなら何にでも反応する行動にある。ブルーギルの入った溜池ではコイなどの大型の魚と少数の底生魚がいる以外は全て食べられてしまう。

【分布範囲】都幾川では最下流から標高 100 m程度までにみられることがある。溜池での生息のほうが多い。多くが密放流された個体である。

【特徴】下顎が上顎より先に突出し、腹ビレが胸に近い場所にあり、第一背ビレが硬く（刺条)、第二背ビレが柔らかい（軟条)、典型的なスズキ類の形態をしている。食性はほぼ肉食で同じ水域に生息する魚類や両生類に与える影響は大きい。

【食味】スズキに近いので食味は白身魚の特徴があってそれほどまずくないが、コイ科の魚より骨が硬いことから佃煮のような加工は難しく、食用になる 15 ㎝を越すようなサイズは極めて少ないことから利用は難しい。

COLUMN

溜池のバス・ギル物語

丘陵地帯に多くある溜池にはかつてはコイなどが放されていた。このような溜池には合わせてクチボソ（モツゴ）やダボハゼ（トウヨシノボリ類）がいた。しかし、現在はバス・ギルである。ここに登場するのは正確に種名を記すとオオクチバスとブルーギルで、かなりの場所でこの２種がセットで放されている。かつて 30 カ所ほどの溜池を調査する機会があり、この時に気付いたのがバス・ギルの法則だ。

両者が一緒に放されると、最初はバスが 30 ～ 40 ㎝と比較的大きくなり、ギルは餌とされる。しかし、少数が生き残ってこの個体は 20 ㎝くらいに大きくなる。この段階はバスがギルを餌としている。

しかし、少数のギルはバスの捕食から逃れて生存し続け、逆に生長の遅いバスはギルが居ることによって繁殖できず、今生きている個体の寿命が尽きるとバスは絶える。そうするとギルだけの世界となり、始めは少数の大型のギルが出現し、数年後にはギルが増えて小型のギルだらけの池となる。

このような溜池にはギルによる捕食圧で他の魚やエビ類は繁殖できずにほとんどギル以外の魚がいない世界となる。もちろんトンボの幼虫のヤゴなども餌とされてしまうので、池の水面をトンボが飛び交っても水中ではヤゴ不在の世界となっている。バスやギルは昆虫の世界にまで影響を及ぼしている。

コイ科タナゴ属

ゼニタナゴ

学名：*Acheilognathus typus*

本種は鱗が細かいこと、産卵期が秋であること、餌が植物質主体なことなど特徴的な種である。

かつては高麗川や越辺川などの下流域に生息していたようでいくつか記録がある。県下の在来のタナゴ類の生息記録は乏しいが、その中ではゼニタナゴは記録があるほうだ。「さいたま自然の博物館」の収蔵庫には1970年代頃と推定される標本が標本庫にあった。採取場所は荒川中流伊草産と書かれており、荒川中流で伊草という地名を探したが、都幾川下流の川島町伊草以外に地名を見つけることはできなかった。

荒川本流に面した場所に伊草という地名はないようだ。

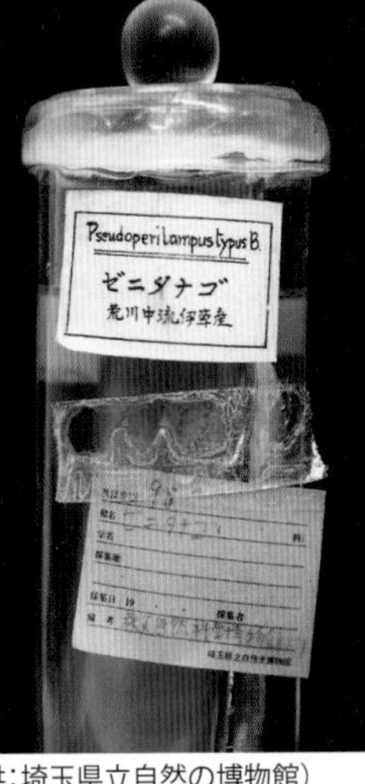

現存するゼニタナゴ標本（写真提供：埼玉県立自然の博物館）

一方、ゼニタナゴ標本には残念ながら採取日の記述は無く、この標本のラベルには「秩父自然科学博物館より」と記述されている。

「埼玉県立自然の博物館」はその前身は「埼玉県自然史博物館」であり、その前は「秩父自然科学博物館」であった。「埼玉県自然史博物館」になったのは1981年であるから、それ以前の標本であると判断することは可能である。

今から40年前には都幾川の最下流のどこかでゼニタナゴが生きていたのは間違いないようだ。可能なら聞き取り調査を行って、過去に鱗の細かなタナゴを獲った人を探したいと思う。

【分布範囲】 都幾川流域では最下流にかつて生息した。高麗川や越辺川、小畔川などの下流域にも生息していたようだが確かな記録ではないようだ。

【特徴】タナゴ類として体高があり、鱗は細かい。植物質を多く食べる雑食性。

【特記事項】産卵期は秋で産卵された卵はそのまま翌春まで二枚貝の中で生育して、春に稚魚が浮出してくる。

COLUMN
タナゴ類と二枚貝のセット放

上左・シジミ類（マシジミ？） 右・マツカサガイ
中央・イシガイ　下・トンガリササノハ

タナゴ釣りは根強い人気がある。対象とする魚は小さいが婚姻色の出たオス個体は美しく、上手に持ち帰れば飼育して楽しむこともできる。アクアリウムの一員として楽しむ対象になる。

釣りの対象は時にはこの美しいオスばかりではなく、腹の大きく膨らんだ卵を持ったメスも釣り、産卵する二枚貝も持ち帰り、水槽の中で繁殖させようと思う人も少なくない。しかし、二枚貝は濾過食者なので水の澄んだ水槽の中では絶食状態に置かれ、長い期間餌を得られずに消耗していく。もし繁殖に成功しても二枚貝は餌不足で消耗し、生息地のタナゴ類にとってメリットはない。逆に貴重な産卵する二枚貝を失うことになる。

このような水槽内で繁殖を試みる人とは別に、その生息地に在来でないタナゴ類を放す人（釣りを楽しむためなのか）、さらに放したタナゴ類を繁殖させようとする人もいる。在来種の存続にとって、類似する別の種をさらに放す行為は競争相手を増やす事であり、在来種の生存を危うくする個人の勝手な行為でしかない。都幾川流域ではここ数年の間にアカヒレタビラの放流事例と、アブラボテ、カゼトゲタナゴなどと二枚貝のセット放流の事例がある。やめるべき行為だ。

タナゴ類　（アブラボテ、カゼトゲタナゴ、アカヒレタビラ、タビラ類）

2015年以降に都幾川流域では少なくとも２例のタナゴ類の放流行為があった。

ひとつは長楽用水でキタノアカヒレタビラを放したグループがいたようで、ある日突然、都幾川水系にはいない筈のキタノアカヒレタビラがまとまって取れたことである。

タビラ類（アカヒレタビラ）　上オス　下メス

二度めは嵐山町内の支流でアブラボテ、カゼトゲタナゴ、タビラ類（アカヒレタビラ）、タイリクバラタナゴが60尾以上もとれ、その場所では二枚貝のフネドブガイ、ニセマツカサガイ、イシガイが50個体近くも見つかっている。

アブラボテ　上メス　下オス

長楽用水の例は魚のみの放流のようだが、別に二枚貝だけ放流したらしい件もある。嵐山町内の例はタナゴ類の繁殖を目的に産卵母貝となる二枚貝も併せて放すという手の込んだものだった。とくにアブラボテは関西より以西、カゼトゲタナゴは九州北部のみに生息する種であり、３種の二枚貝も都幾川流域には生息しない種であった。

カゼトゲタナゴ　上オス　下メス

今後もマニアによる身勝手な放流が行われる可能性があり、今後は見つけ次第駆除するべきだと考える。これらの魚や貝が放された場所には数は少ないながらも在来の類似種がいる訳で、本来は在来種が生息する場として保全していかなければならない大切な生息地なのだ。

カゼトゲタナゴ

COLUMN 魚の分布

都幾川流域の魚たちは 40 種あまりの種が色々な場所に生息している。最上流は山中の渓流で生息出来る種も 1、2 種に限られ生息する種が少ないが、しだいに下るにつれて生息する種は増える傾向にあり、西平に出てやっと植物を利用する種も現れて 10 種近くが同じ場所で見られるようになる。

中流になると上流にのみ生息するような種は見られなくなる。また、分布の中心が中流にあってそこより上流へ行っても下流へ行っても減ったり、居なくなったりする種がある。魚の種によって生息するために必要な環境は異なり、上流にのみに生息する種は冷水（水温 20℃以下）であることが必要であり、中流では冬から早春にかけて一時的に見られる種もある。このような種と、周年生息する種を合わせると 15 種ほどが生息している。

最下流や用水路では 30 種近い種が生息するものの、用水路だけに限って生息する種が 10 種ほどある。このような種は強い流れに棲む種ではなく、川の渕など流速の遅い場所や緩い流速によって現れる砂や泥の底や水草などの間に生息する。また、用水路も流れが人によって管理され一定の流れになっていることから、農業の利水によって環境が確保されることから、生息できる種が多くなる。水田の有無と密接に関係する種も少なくない。

COLUMN
2019年 台風19号の洪水

2019年（令和元年）10月12日から13日にかけて台風19号が関東地方を通過した。この台風による大雨による増水で、都幾川右岸0.4km地点（東松山市早俣）の堤防が決壊し、洪水が発生した。この増水では越辺川、九十九川でも決壊が発生している。いつもは穏やかに流れる川も、ひとたび暴れると恐ろしいものである事を見せつけられた。流域の人々に聞くと30年ぶりとか50年ぶりの大水だそうだ。

直接の原因は増水による被害であるが、その背景には海水温の上昇がもたらす水蒸気の供給増加があり、これによって発生する低気圧や台風の発達による降水量の増加がある。気象の変化は連鎖的に色々な事象を引き起こし、場所によっては逆に降雨量の減少が起きたり、海水面の上昇、干ばつも起こりうる。

早い段階で、大きな変化のないうちに温室効果ガスの排出量を減らしていかなければならない。言うは易く、実行は難しい。COP25（気候変動に関する国際連合枠組条約）で議論するまでもなく、温室効果ガスの排出量を減らさなければ未来は描けない。化石燃料を使い続ける私達は、全員が温室効果ガスの排出者だからだ。

身近な事でも、桜の花の開花時期が入学式の花から卒業式の花へと変わってしまったように、気候の変化は確実に進んでいる。これからは人間が環境に与える影響が強くなり、環境問題が顕在化する時は、すぐそばまできている。

破堤した東松山市早俣地区の様子（小剣神社付近）

両生類

魚類 両生類 爬虫類

サンショウウオ科サンショウウオ属

ヒガシヒダサンショウウオ

学名：*Hynobius fossigenus*

山地の森林に生息し、比較的ゆったりと流れる渓流や源流部などで2～3月頃産卵する。1シーズン1回の産卵で1対のコイル状の卵のうを産む。卵数は1対で50～60卵程度と少ない。光を当てると青く光る卵のうは大変美しい。

幼生は流れの緩い溜まりなどにとどまり、埼玉県内ではひと冬越した翌年に上陸するのが一般的である。上陸後は林床に生息していると考えられ、性成熟にはさらに数年を要する。

成体は濃紺に黄色の斑点が特徴で、同属のトウキョウサンショウウオよりやや大柄で、尾が太く骨格もしっかりした体型である。水辺に移動する繁殖期以外確認することは困難であるが、繁殖期でも隠蔽性が高くめったに目にすることはない。また成体は美麗なため、ネットオークションなどでの販売目的の乱獲も疑われる。都幾川・槻川源流域では個体数が少ないながらも生息している。

中部地方の一部と関東地方に生息するヒダサンショウウオは、2018年にヒガシヒダサンショウウオとして新種記載された。

成体

卵のう

幼生

COLUMN
サンショウウオはどこにいる？

大きなジャンプや吸盤を駆使して自由自在に登り降りできるなど、移動能力は高く、繁殖期にはオスが鳴き声でコミュニケーションするなど活動的なカエルに対し、サンショウウオは鳴き声も発せず、隠蔽性が高く野外で目にすることは難しい。

一般的にサンショウウオは乾燥や暑さに弱く、夜行性であり、普段は林床の地中で生活し、繁殖期は水中の産卵場所へ移動する。産卵環境から大きく2つ分かれ、渓流など流水環境に産卵する流水性、流れの緩い湧水環境に産卵する止水性がある。都幾川・槻川流域では流水性のヒガシヒダサンショウウオ、ハコネサンショウウオと止水性のトウキョウサンショウウオが生息している。流水性の2種はともに源流域の山地に生息し、トウキョウサンショウウオは低山や丘陵地など里山環境に生息している。

繁殖期の水中でも見つけにくいが、非繁殖期の林床で見つけるのはさらに困難といえよう。稀に倒木やガレ場の石の下などで見つかるが、日当たりが悪く湿気があり、餌とされる土壌生物が多い環境である。物言わず、ひっそりと暮らしている生きものといえよう。

秩父山地の
渓流性サンショウウオが
生息する環境

サンショウウオ科ハコネサンショウウオ属

ハコネサンショウウオ

学名：*Onychodactylus japonicus*

山地の樹林帯のガレ場や湿った林床などに生息し、生息地の標高は2,000 m程度にまでおよぶ。渓流の源流部の伏流水下などに産卵し、容易に人手がおよばない場所が使われることから卵のうの発見は困難である。湿潤で冷涼な環境を好み、幼生は水温が低く安定した水量の豊富な渓流などに生息し、普段は石の下などに隠れている。幼生期間は約３年と長く、上陸後も肺を持たないのが特徴である。

埼玉県ではおもに秩父地方の山地などで見られるが、都幾川・槻川流域でも源流部で見られる。都幾川・槻川流域は本種の生息環境としては温暖で乾燥気味であり、生息域は狭く、個体数は少ない。生息場所は人家から離れた山地が主で、大幅な改変はされにくい位置にあるが、林道や砂防堰堤の造成、森林伐採による生息環境の悪化や林床の乾燥化は個体数の減少を招くと考えられる。

埼玉県では見られない事例であるが、福島県、栃木県の一部などでは食用に利用される。

成体

COLUMN
サンショウウオの利用

サンショウウオは何かと神秘性・隠蔽性がイメージされ、実際に目にすることは容易ではない。また、魚類のように食用利用の重要性ついて語られることは少ない。埼玉県内でも、食用をはじめとして利用についてはほぼ語られない生きものである。しかし、利用については見た・聞いたという話は意外にあるのではないだろうか？　例えば薬用、滋養強壮のため「丸のみ」した、黒焼きを食べさせられたなどが挙げられる。具体的にどの地域で、どの種が利用されているか、その例を紹介したい。

福島県南会津郡檜枝岐村は奥会津の秘境の地として、また尾瀬の玄関口として比較的名が知られているが、ここは日本で唯一といえるサンショウウオを川漁の対象としている。詳しい資料として、立教大の関礼子教授が著した『檜枝岐の山椒魚漁』が檜枝岐村教育員会より発行されている。

同書によると、サンショウウオ漁の歴史は大正期と比較的浅く、栃木県側から始まり、福島県側に伝わったと考えられている。漁獲されるのはハコネサンショウウオで、山地の沢でドジョウ筌（うけ）に類似した漁具でおこなわれている。成長の遅いサンショウウオは漁獲圧が高いとすぐに獲り尽くしてしまうため、筌を仕掛ける沢を年ごとに替えるなど、数量や漁期にも配慮し、資源の持続性を考えた上で漁をおこなっている。主に燻製にされるが、天ぷらを提供している民宿も見られる。サンショウウオ漁を最初に始めたとされる栃木県日光市（旧栗山村）でも燻製として売られていたが、全国的にもサンショウウオが料理やみやげ物として提供されているのは珍しく、とても興味深いのではないだろうか。

アカガエル科アカガエル属

タゴガエル

学名：*Rana tagoi tagoi*

茶色の中・小型のカエルで、山地の林床や渓流周辺でみられる。都幾川・槻川流域では源流域に分布している可能性があるが、確実な生息記録には至っていない。本種は本州・四国・九州の広域に分布し、一般的に山地ではふつうに生息している種であるが、埼玉県では稀で、秩父地方や入間地方などに限定的な分布とみられる。

山地の渓流沿いの林床などに生息し、３～６月頃に湧水の染み出ている岩の隙間や割れ目、伏流水中などに産卵する。幼生は餌を食べずに卵黄のみで上陸できる。産卵や幼生の生育に適した、水温・水量の安定した湧水環境が必要となる。近縁のナガレタゴガエルとよく似ているが、水かきが小さいことや産卵行動、産卵環境が異なることで区別できる。

成体

幼体

幼生

卵塊

COLUMN
カエルのジャンプ　得意不得意

鮮やかな放物線を描いてカエルがジャンプする姿は見事であるが、よく観察してみると、得手不得手が結構ある。

まずジャンプが美しいのはトウキョウダルマガエルである。距離もさながら、きれいな放物線を描いた美しいジャンプである。見事な「カエル飛び」はこのことであろう。ヤマアカガエル、ニホンアカガエルもジャンプが美しく、アカガエルの仲間は美ジャンプ名人といえるのではないだろうか。

自由自在なジャンプで樹上の移動もできてしまうモリアオガエルはジャンプ技名人だろうか。木登りの名人であり、発達した大きな吸盤と長い脚を使って枝の先までスルスルと移動することができる上に、無理な体勢からのジャンプで樹間を移動したりとアクロバティックな技をみせてくれる。カジカガエルも木登り名人であり、体型も似ていて吸盤も発達していることから、モリアオガエル並みの技をもっているかもしれない。

大ジャンプ名人は外来種のウシガエルである。大きな身体と長く筋肉の発達した後脚は迫力の大ジャンプを見せてくれる。警戒心の強さ、俊敏さ、何でも口に入れる貪欲さもあり、これでは在来種は敵わないと言わざるを得ない。

アカガエル科アカガエル属

ナガレタゴガエル

学名：*Rana sakuraii*

山地の渓流沿いの林床などに生息し、近縁のタゴガエルによく似ている。大きな水かきなどで区別できるが、幼体での区別は困難である。産卵は２～４月頃に比較的水量の豊富な渓流の石の下などでおこなわれるが、多くのオスが渕に集まってカエル合戦を繰り広げる。また、産卵期のオスは皮膚がたるんでブヨブヨの姿になる。水中で鳴くため、声は地上での確認は困難である。

幼生はほぼ卵黄だけで成長し、６月頃までには上陸する。渓流の石の下などで越冬するため、晩秋から産卵期前までに集団での越冬が確認されることがある。

埼玉県内での分布の中心は秩父地方・入間地方であるが、都幾川・槻川流域でも上流の渓流域に分布し、３月ごろ流れの緩い渕ではカエル合戦がみられる。産卵期はまとまっての個体数が確認できるが、林床に分散する春から秋にかけてはほとんど見かけず、色彩的にも地味であり、一般になじみの薄い種である。

抱接ペア

成体

たるんだ皮膚のオス成体

卵塊

COLUMN
ナガレタゴガエルは多摩川・荒川水系に多い？

近縁種のタゴガエルは本州・四国・九州などの山地に生息し、山地性のカエルとしては比較的ふつうに分布している。しかし、ナガレタゴガエルは関東地方から中国地方の山地に分布が限られ、生息地も点在している。さらに極めて稀にしか確認されていない個体数の少ないと推測される生息地も多い。中国地方では近年になってから発見されていることなどから「なかなか見られないカエル」というのが一般的である。

しかし、多摩川・荒川水系は他の地域と違い、ナガレタゴガエルが多くみられ、タゴガエルが少数派である。産卵期は渓流の吹きだまりに多くのカエルが集まり、カエル合戦を繰り広げる。それに対してタゴガエルは湧水の染み出る岩場の限られた地点で産卵している。タゴガエルとナガレタゴガエルの勢力分布が逆転しているのは奥多摩・秩父地域に限られ、特殊なケースといえよう。

東秩父の渓谷を流れる槻川

アオガエル科アオガエル属

モリアオガエル

学名：*Rhacophorus arboreus*

山地や丘陵地などの樹林内に生息し、アオガエルとしては大型であり、長い脚と大きな吸盤を持っている。産卵期は梅雨前後の５～７月頃で、樹上に大きな白色の泡状の卵塊を産む。大きなメスにやや小さなオスが何頭も群がり、葉や枝に時間をかけて産卵する姿は新聞等のマスコミにも梅雨時の風物詩として取り上げられることもある。

おもな産卵場所は森林に隣接した池や沼などであるが、コンクリートの調整池や人家の庭池も使われることがある。地域によっては水田にも産卵し、ネットを張った防火水槽にも産卵するなど、多様な環境を利用する。ふだんは樹上生活をするためか、産卵期以外での成体の確認は稀である。

埼玉県での分布の中心は入間地方と秩父地方であり、都幾川流域での個体数はごく少なく、ときがわ町で局所的に生息が確認されているのみである。県内では樹林に囲まれた良好な環境の池や沼は少なく、人為的な環境での産卵が目立つ。不安定で小規模な個体群が点在していると考えられる。

成体

また、飯能市では天然記念物に指定されている地域があるなど、知名度が高く人気もあるカエルであることからか、人為的な移動によって分布が拡大することもある。

卵塊

COLUMN
樹上生活者、アオガエルの仲間はどこにいる？

アオガエルの仲間3種（シュレーゲルアオガエル、モリアオガエル、カジカガエル）は春から初夏の産卵期には盛んに鳴き声を発し、その期間は2か月以上にもおよぶことから、比較的観察しやすいカエルといえる。しかし、産卵期を過ぎ、夏を境になかなかその姿を目にすることが難しくなる。雨天時に路上で見かけることはあるが、狙っても空振りに終わることも多い。

モリアオガエル成体

アオガエルの仲間は長い四肢に発達した吸盤を持ち、それらを駆使して樹上を移動したり、垂直面を登ることができる能力を持っている。鳥やヘビなどの天敵が多い地上に降りるより、樹上生活の方が明らかに安全である。しかも昆虫やクモなど餌資源も豊富である。人の目の届かない樹上、つまり垂直空間も上手に使っていると考えると納得がいく。アオガエル3種の中でもモリアオガエルは特にそれが顕著であろう。前脚1本でぶら下がってみたり、樹間をジャンプで移動するなど、樹上のサルのような動きをするのは魅力のひとつでもある。

サンショウウオ科サンショウウオ属

トウキョウサンショウウオ

学名：*Hynobius tokyoensis*

低山や丘陵地の雑木林などに生息し、谷戸に散在する水田やその水路、地下水が出ている水たまりなどに２～４月ごろ産卵する。１シーズン１回の産卵で１対の卵のうを産み、クロワッサンのようにくるりと巻いた特徴的な形状である。幼生は水田や流れの緩い水路などに生息し、上陸後は落ち葉などが溜まった林床などで生活するため、隠蔽性が強くめったに人の目に触れることはない。幼生は６～７月頃には上陸するが、稀に晩秋や翌年春までと幼生期間が長期にわたることもある。

埼玉県では秩父地方や比企地方などの低山や丘陵地を中心に生息し、北部～西部では比較的広域に分布している。都幾川流域は秩父地方とともに埼玉県の分布の中心となっている。特にJR八高線沿いの丘陵地は生息地が点在し、小川町から東松山市にかけては、かつてはかなりの個体数が生息していたと考えられる。

本種を取り巻く状況として、道路、宅地、工業団地など開発や都市化の進行など生息環境の悪化により、急速に個体数を減らしている。都心までの交通の利便性がよい入間地方や比企地方では、谷戸などの生息環境の消失・悪化が進んでいる。

成体

また、地下水源の枯渇も減少の原因になっている。さらに、外来種アライグマやアメリカザリガニによる食害、販売目的の業者等による卵か成体の乱獲も減少に拍車をかけている。2020 年 2 月に特定第二種国内希少野生動植物種に指定され、販売および販売目的の捕獲が禁止となった。

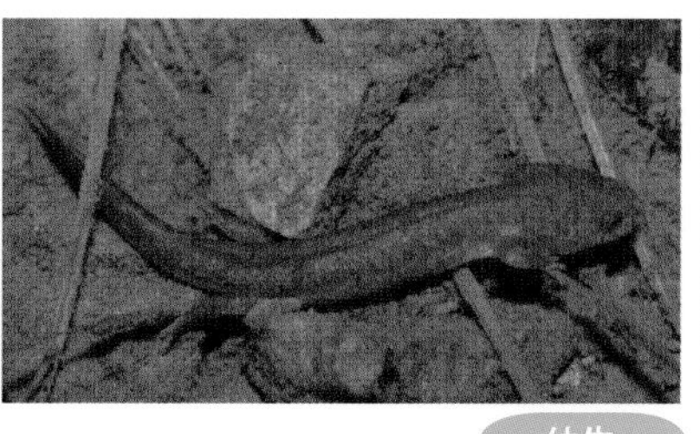
幼生

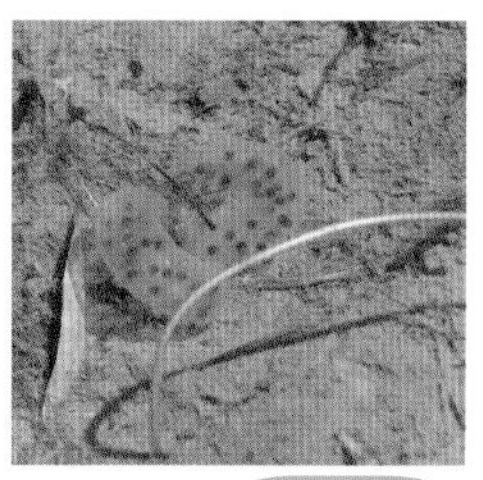
卵のう

COLUMN
サンショウウオが狙われている

近年は犬猫だけでなく様々な生きものがペット市場に流通し、エキゾチック・アニマルとしてサンショウウオ類も例外なく様々な種が流通している。ところが生き餌が基本であり、餌づきにくい種があるなど、比較的飼育の難易度が高い生物といえる。しかし希少性や美麗な種もあることなどで、コアな愛好家には人気がある。和名に地名（トウキョウ、ハコネなど）が冠されるように地域性もあることから、産地がはっきりしている個体（特に成体）は高価で取引される。

以前からサンショウウオの卵のうがペットショップで産卵期になると販売され苦々しく思っていたが、近年はそれに加え、卵のうだけでなく成体がネットオークションで高価で取引さているのを目にするようになってきた。さらに都市部の催事場でたびたび開催されているペット即売会でも流通するようになり、憂慮すべき事態になっている。サンショウウオ類のほとんどが希少種に指定され、捕獲・譲渡・販売が規制されている種も多く、埼玉県に生息する希少種トウキョウサンショウウオ、ヒガシヒダサンショウウオもそのような販売ルートで見かける種である。

サンショウウオ類はカエル類に比べて成長が遅く、小規模な個体群を形成することから、捕獲圧のダメージが大きく、商業目的の乱獲は生息地の消失につながりかねない。まずは販売されている個体を「買わないこと」である。

イモリ科イモリ属

アカハライモリ

学名：*Cynops pyrrhogaster*

頭から尾の先まで黒く、お腹だけが赤い毒々しい色彩は、敵に対する警戒色と考えられている。また、皮膚から強い毒を分泌することができる。小川、農業用水路など流れの緩い流水域から、池沼、湿地、水田など止水域にまでおよび、湿地から人為的な環境である里山まで様々な環境に適応している。

基本的には水中生活であるが、時には地上を移動したり、越冬も水中・土中どちらもありえる。上陸後の若い個体は地上でみられることがある。

産卵期は４月～７月上旬頃で、埼玉県内では５月下旬頃がピークと考えられる。産卵はメスが単独で水草や落ち葉にゼリー状に被われた卵をひとつひとつ繰り返して産みつける。オスの精子は袋に入れてメスに

成体

卵

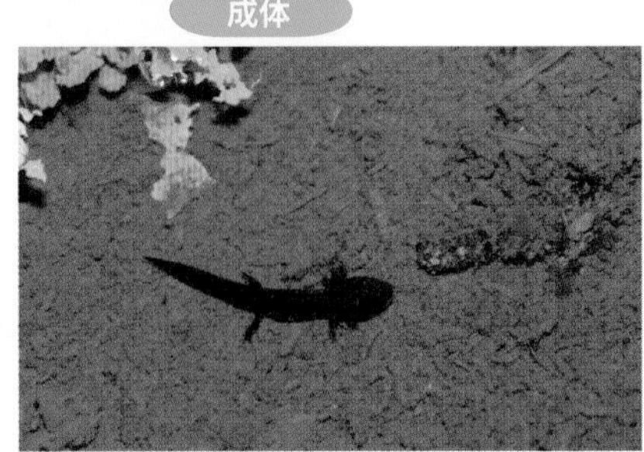

幼生

産卵しているメス

受け渡され、メスは総排出腔から粘着性のある精子の入った袋を取り込み、貯精することができる。したがって、産卵時に放精するカエルやサンショウウオと違い、産卵時にオスを必要としない。餌は水生昆虫、カエルやサンショウウオの幼生など動く生きものだけでなく、魚や両生類の卵も食べる。幼生はサンショウウオによく似ているが、全身が黒っぽく、夏から秋にかけて上陸し、しばらくは陸上生活を過ごす。

都幾川・槻川流域には大きな個体群を形成する自然の湿地や湖沼が存在しないので、生息地はごく少なく、個体数は減少傾向が顕著であり、危機的状況にある。減少の原因としては、おもに生息環境の悪化が考えられる。

護岸工事されていない小川が減少し、水田の暗渠排水工事による乾田化、用排水路のコンクリート化が挙げられる。また、上陸前の幼生は夏期に水田を落水させる「中干し」などによる死滅も減少の原因に挙げられる。幼生が上陸する夏～秋にかけての落水は、死滅に繋がる可能性がある。

本来は寿命も長く、食性も広く、環境への適応能力も高い種であるが、近年は幼生期に適した環境が失われつつあり、大変厳しい状況に置かれている。埼玉県では条例により無許可での捕獲、譲渡、販売が禁止されている。

魚類
両生類
爬虫類

ヒキガエル科ヒキガエル属

アズマヒキガエル

学名：*Bufo japonicus formosus*

外来種のウシガエルを除くと最も大きなカエルであり、堂々とした体格をしている。山地から平地まで幅広く分布し、おもに林床に生息している。山地の樹林帯から都市公園や人家近くの緑地でも確認され、様々な環境に適応している。産卵は３～５月頃に水深の浅い池沼などでおこなわれ、長いひも状の卵塊を産む。行動範囲は広く、産卵期以外は水辺から離れた場所でも確認される。ときがわ町域の都幾川では、流れの緩い渕でも産卵がおこなわれている。

都幾川・槻川流域では上流から下流までほぼ全域に広く分布しているが、近年急速に個体数を減らしている。道路新設や宅地、工業団地造成などの大規模開発による生息地の減少がみられるだけでなく、農道・林道造成などによる生息地の分断や、産卵池の護岸など比較的小規模な開発でも影響を受けていることが考えられる。また外来種アライグマによる食害も疑われ、個体数の減少の原因は多岐にわたると推測される。

本種の産卵は、１か所の繁殖地に多くの個体が集合して短期間でおこなわれるが、多くのオスがメスをめぐって激しく争う光景は「カエル合戦」「かわず合戦」などといわれる。産卵の際、複数のオスに乗りかか

成体

られるなどで、しばしば産卵中のメスが命を落とすこともある。しかし、個体数減少により集団が小規模化し、その「カエル合戦」がほとんど見られなくなっている。

高標高の山地の登山道や、路上などで突然出会うことのある神出鬼没さもあるが、人家の庭に定着することもあり、人との距離も近く、比較的親しまれている種である。

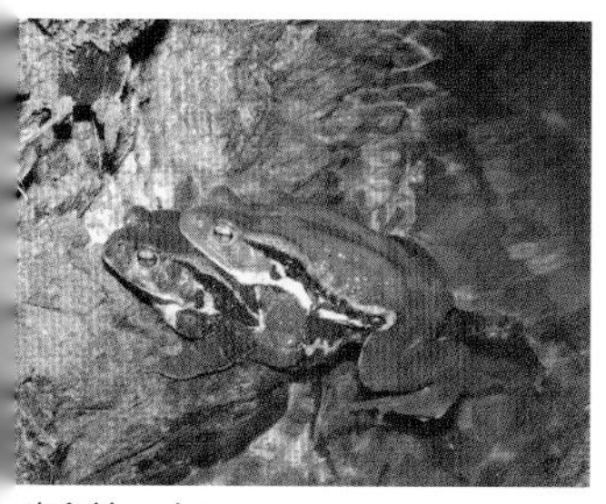

産卵前のペア

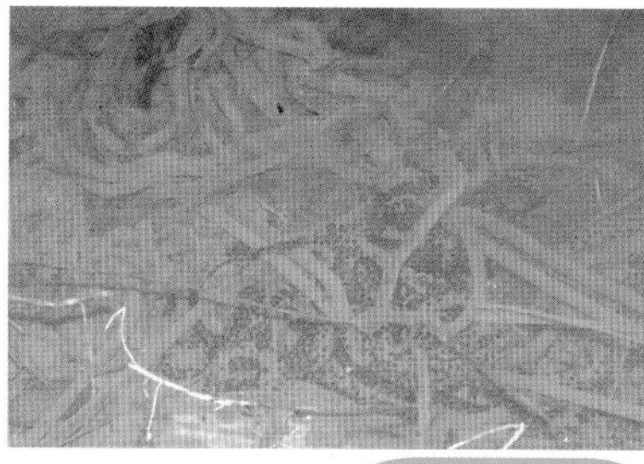

ひも状の卵塊

幼生

COLUMN

ヒキガエルの子ガエルと幼生

ヒキガエルは水田で繁殖するアマガエルなどとは異なる生態を持っている。

幼生のサイズは大型になる成体と反対に小さいまま上陸する。アマガエルの上陸直前は２センチほどに成長するが、ヒキガエルは 1.5 センチ程度のサイズにしかならず、上陸すると小指の先ぐらいの子ガエルになる。幼生は集団になっていることが多く、池や水たまりでオタマジャクシの黒い塊を見かける。

短期間で上陸するのは一時的な水たまりでも繁殖するための乾燥に対する適応と考えられるが、子ガエルは絶食に弱く環境の変化の影響を受けやすい。ちょっとした繁殖地の環境改変が、子ガエルにとってダメージとなる可能性が生じ、多くが成長する前に死に絶えてしまうとなれば、次世代にバトンを渡すのが難しくなっていくであろう。

アカガエル科アカガエル属

ヤマアカガエル

学名：*Rana ornativentris*

茶色の中型のカエルで、その名の通り山地の林床や渓流周辺でみられるが、丘陵地の人家に近い里地・里山でもみられる。山林に隣接した湿田、湿地、浅い池沼、小さな水たまりなどが産卵に使われるが、河川のわんどや溜まりも使われる。

都幾川・槻川流域では源流域から下流域にかけて広範囲に分布している。産卵期は地域差があり、埼玉県内でも早い場所は１月下旬に産卵するが、都幾川・槻川流域ではだいたい２月中旬～３月中旬頃で、最も早く産卵がスタートする種である。

埼玉県では秩父盆地、入間地方、比企地方などに分布している。県東部・南部の平地には生息せず、地形がはっきり分かれている埼玉県ならではの分布域になっている。都幾川流域の環境に適応し広範囲の分布であるが、良好な産卵場所が減少していることから、減少傾向にあると考えられる。

また、外来種アライグマが新たな天敵として問題視されている。餌資源に乏しい季節に産卵することから狙われやすく、集団で産卵することが多いため短期間に成体が多量に捕食される可能性がある。

近縁のニホンアカガエルとは生息地が重なることがあり、都幾川・槻川流域では東松山市、小川町で両種が同所的にみられるのを確認している。

成体

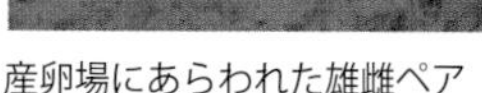

産卵場にあらわれた雄雌ペア

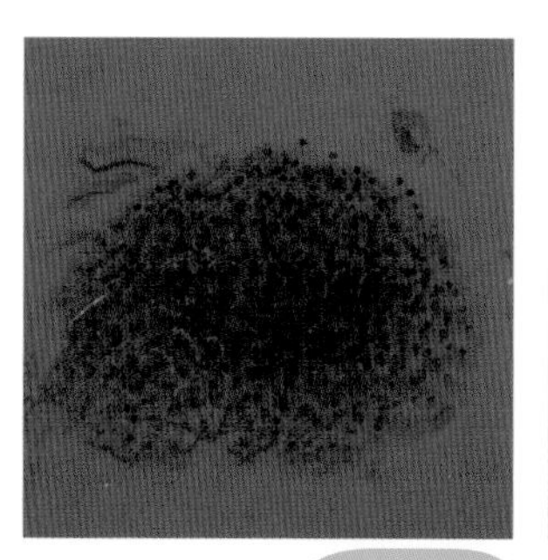

卵塊

幼生

COLUMN

似ているニホンアカガエルとヤマアカガエル

ヤマアカガエル（左）とニホンアカガエル（右）

ニホンアカガエルの卵塊

ニホンアカガエルとヤマアカガエルは成体、幼生、卵塊どれもよく似ている。生息地が重なることもまた厄介で、両種が産卵している地点は産み落とされた卵塊を判別するのはかなり難易度が高い。

都幾川流域は両種ともに好む丘陵地の環境が残されている。産卵期はヤマアカガエルが早い傾向にあり、短期集中型である。大規模な産卵場所は多くの個体が集合しカエル合戦が繰り広げられる。それに対してニホンアカガエルの産卵期は1～2週間程度遅れて始まり、だらだらと散発的に産卵数が増えていく傾向にある。ニホンアカガエルの方が神経質で警戒心が強く、産卵は深夜・早朝におこなわれることが多い。

卵塊は両種ともゼリー状でよく似ている。区別するのは難しいが、ヤマアカガエルの卵塊は、産みたてはくずれやすく粘り気があり、ニホンアカガエルは弾力性があり、しっかりした塊になっている。

アカガエル科ツチガエル属

ツチガエル

学名：*Glandirana rugosa*

体表は多くのイボに覆われ、「イボガエル」ともいわれ、襲われそうになると、くさい臭いを出す。低山、丘陵地の流れの緩やかな河川、池沼、水田、湿地など多様な環境に生息し、水辺からはほとんど離れない。繁殖期は長く５～９月頃までおよび、卵数10～60個ほどの小さな卵塊を複数回に分けて産卵する。幼生はひと冬越した翌年に上陸するため、秋から冬にかけて干上がらない繁殖場所が必須となる。

敵に襲われそうになると発するくさい臭いは、くさいだけにとどまらず、カエルを好むシマヘビが口にすると、顔を歪めて吐き出すことが知られている。毒性のある忌避物質を分泌していることが考えられる。

埼玉県では秩父地方、入間地方、比企地方の台地や丘陵地を中心に生息している。過去の記録から、かつては埼玉県内に広く生息していたと考えられるが、近年は生息域が限定され、絶滅の危機に瀕しているカエルである。都幾川流域は本種の生息に適した流れの緩い中流域が連続的に存在し、埼玉県においては分布の中心となっている。

特にときがわ町では集落や田畑に隣接している玉川地区や田中地区などでもみられる。槻川流域でも東秩父村から小川町にかけてみられ、越

成体

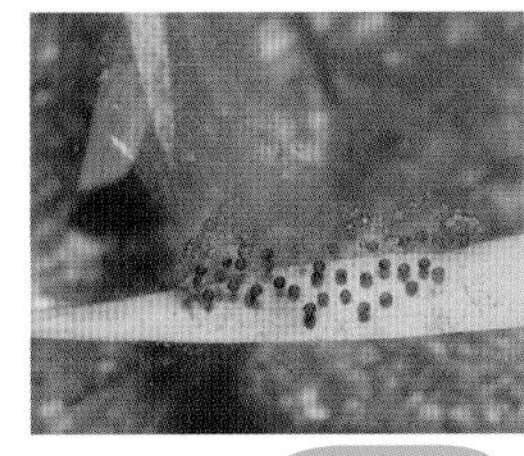

卵

鳴いてるオス

幼生

冬している幼生もわんどや湧水の流れ込みがたまった河川敷で見つかっている。比較的自然環境が豊かといわれる秩父地方でも、近年はほとんど見られず、都幾川・槻川が貴重な聖地といえるのではなかろうか。

COLUMN
カエルの大合唱が減っている

カエルの大合唱が減っている。梅雨期にたくさんのカエルが集まる場である水田は本来大合唱が当たり前であったが、梅雨でもカエルが鳴いていない水田が増えつつあると考えられる。米の消費量減少や農家の高齢化などで水田が減っているのはいうまでもなく、それに加えて水田の近代化というカエルにとって大変厄介な流れが進行している。水田の近代化とは「農業基盤整備」と称しておこなわれている水田の改良工事である。

圃場を平坦化し、面積を広げてコンバインなどの大型の農業機械に対応するだけでなく、コンクリート製の三面張水路の敷設、畦のコンクリート化もそれにあたる。さらに、地下にパイプを埋め込み暗渠排水にする乾田化工事もセットでおこなわれる。

吸盤がないアカガエルなどは三面張水路から這い上がれず衰弱死したり、シュレーゲルアオガエルは畦や水路の土中を産卵の場にするなど工事の影響は大きい。農事暦の変化もカエル減少の要因になっていると考えられ、残念ながら減少を食い止めることは大変難しいといわざるを得ない。

アオガエル科アオガエル属

シュレーゲルアオガエル

学名：*Rhacophorus schlegelii*

鮮やかな黄緑色が特徴の小型のカエルである。メスはオスに比べてかなり大きい。春先の田植え前の水田などでコロコロコロコロとよく通る声で昼間でも鳴いている。おもに林地を背にした低山や丘陵地の水田の畦や湿地などに産卵し、繁殖期は３～５月頃である。普段は樹上で過ごしていると考えられるが、繁殖期を過ぎると稀にしか見られない。

里山環境に適応した種で、産卵場所である湿地や水田と雑木林などの生息地双方の環境が整うことが必須となる。卵塊は白っぽい泡状で、水中ではなく畦の斜面上や土に掘った横穴の中に産卵する。オスは周囲の環境によって色を変化させ、草陰や穴の中などに隠れて鳴いているため、大きな鳴き声は聞こえてもその姿は容易に発見できない。

埼玉県では平野が広がる県東部・南部では稀であるが、丘陵地が広がる県北部・西部や秩父盆地では比較的多く見られる。都幾川・槻川流域でも３～５月頃に水田から鳴き声がよく聞こえ、ときがわ町や東秩父村などでは、産卵期にはふつうに見られる。冬季の降水量が少なく自然の湿地の少ない埼玉県では、繁殖地のほとんどが水田であり、その依存度が高い。生息環境が整っていれば小規模な水田でも繁殖が可能で、里山環境を代表するカエルといっても過言ではない。

成体

上陸直後の幼体

COLUMN

泡状の卵塊、なぜだろう？

シューレゲルアオガエルの卵

カエルの卵は鳥類や爬虫類のように殻はなく、どの種も柔らかい。ゼリー状の物質に覆われているアカガエル類と違い、アオガエルは泡状の卵塊になっている。モリアオガエルは大きな卵塊を樹上に産卵することから目立ちやすく、運が良ければ産卵している場面を観察することができる。しかしシュレーゲルアオガエルは水田の畦の横穴の中や草陰などにモリアオガエルよりふた回りほど小さな卵塊産卵することから、目立たず見つけにくい。

産卵場所は、両種どちらも水中に産卵しない。それにしても地上・樹上に産卵するメリットはあるのだろうか？　リスクのひとつとして乾燥による卵の死亡が考えられる。乾燥した晴天、かつ高温であればより高いリスクとなるが、泡の表面が乾燥した場合でも中の保水力により卵まで乾燥し、死亡に至るまでタイムラグがある。降雨があり給水されれば死なずに発生が進み、降雨によって柔らかくなった泡から幼生となって孵化して水中に至る。特にモリアオガエルは降雨が期待できる梅雨時に産卵することから、気候的な期待を込めて世代交代を繰り返してきたと考えられる。

では薄氷を踏む思いで乾燥を逃れることを選択し、地上・樹上に産卵する最大のメリットは何かと考えてみると、水中は捕食者だらけではないだろうか。卵の捕食者として脅威なのは、おおよそ卵を好む魚類だけでなく、同じ両生類のイモリやオタマジャクシも捕食者として脅威といえるだろう。鳥類や爬虫類のように殻もなく、自ら逃げることのできない両生類の卵は、無防備ゆえに捕食者にあっけなく食べ尽くされてしまうこともある。せめて卵の間だけ、水中の捕食者の手を逃れられればということではないだろうか。孵化直後の幼生ではやはりイモリは捕食者であるが、卵ほど無防備ではなく、生き残った者がカエルへと成長するのである。

魚類
両生類
爬虫類

アオガエル科カジカガエル属

カジカガエル

学名：*Buergeria buergeri*

山地や丘陵地の渓流沿いの河畔林などに生息し、４～７月頃に産卵する。産卵場所は比較的なだらかでゴロゴロした石の多い渓流を好み、浅瀬の石の下に粘着性の卵塊を産む。幼生は河川の浅く流れの緩いたまりなどで育ち、夏から秋にかけて上陸する。成体はメスが著しく大きく、産卵期以外は河畔林の樹上で生活していると考えられるが、ほとんど目にすることはなく、その生態は不明な点も多い。幼生は口が吸盤状になっていて、水流がある環境に適応している。

本種の最大の特徴として挙げなければならないのは鳴き声の美しさである。日本のカエルの中では随一といっても過言ではなく、その美声は万葉の歌に詠まれていたことから、古くから愛され、親しまれていた種といえよう。また、江戸後期には鳴き声を楽しむために飼育されていた記録もあり、文化的な面では日本を代表する種である。

美しい鳴き声は比較的長期間にわたって楽しむことができるのも特徴である。４月のヤマブキが咲く頃から、梅雨が明け、暑い盛りの７月下旬頃まで鳴いている。産卵は６月上旬ぐらいまでに終えてしまうが、オスは３か月あまりの長きにわたって河川敷に留まって鳴いていると考えられる。７月下旬頃には幼生は変態して上陸する時期を迎えているにもかかわらず、河川敷では美声が響いている。

抱接中のペア

成体

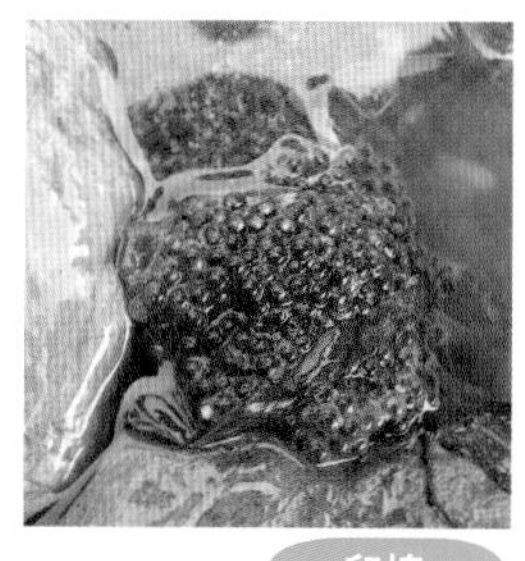

卵塊

幼生

上陸直後の幼体

しかしながら、近年は減少傾向にあると考えられる。三面護岸や直線化など河川改修、河畔林の伐採の影響を受けている。また、繁殖期に大雨による河川の増水が繰り返された場合においても影響が考えられる。地味な姿からなかなか目にすることはないが、静まり返った河川敷にならぬよう、保全対策が必要な時代がやってくるかもしれない。

都幾川、槻川は本種の好む環境を有し、埼玉県随一の生息地である。都幾川流域のときがわ町や槻川流域の東秩父村は個体数が多く、しかも集落沿いでもよく見られる。丁度ゲンジボタルの発生期にもよく鳴いていることから、観察や夕涼みには最適の環境といえる。

COLUMN

古くから親しまれていたカジカガエル

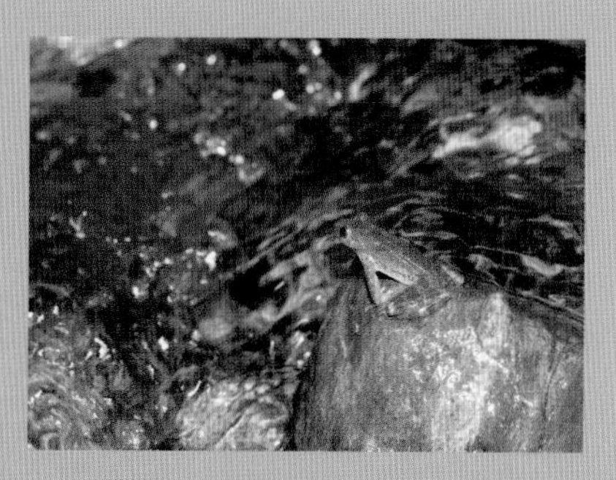

清流に響き渡る美しい鳴き声と漢字ではカジカは「河鹿」と記され、前出したが万葉集の和歌にも登場することなどから古来より親しまれていた。様々な娯楽や文化が栄えた江戸期には、スズムシのように鳴き声を楽しむためにオスは飼育対象にまでされていた。虫かごのような飼育ケージ「カジカ籠」まで存在し、美声はスズムシのように楽しまれていたと考えられる。

埼玉県有数の観光地長瀞町ではオスの生体が土産物として昭和 40 年代ぐらいまで存在していたことから、その心地よい美声は、涼しさを感じさせる風物詩として昭和の時代まで、おもに都会の人向けに売買されていたと考えられる。

現代ではさすがに土産物として売られていることはないが、渓流沿いの温泉地のシンボルになったり、旅館や民宿の名前になるなど文化的な香りが高いカエルである。

アマガエル科アマガエル属

ニホンアマガエル

学名：*Hyla japonica*

小型のカエルで、住宅地から山地まで様々な環境でふつうに見られる。ヒトの住環境にも適応することから目にする機会も多く、一般的なカエルのイメージとしてもなじみの深い種で、イラストやグッズなどのモデルとなることも多い。

繁殖期は４～７月で、水田が本種の繁殖地のほとんどを占めるが、河原、湿地、水たまり、防火水槽などさまざま場所の浅い止水でおこなわれる。小型にもかかわらず、オスはのどを大きくふくらませ、クワックワッという大きな声で鳴く。高水温に強く成長は早く、水路や畦のコンクリート化や乾田化など圃場整備された水田でも他種ほどの減少はみられない。まだまだふつうに見られるカエルではあるが、水田の耕作面積の減少によりかつてほど見られなくなっている。

都幾川流域では上流から下流まで広域に生息し、大概の水田で繁殖がおこなわれるため、田植えがおこなわれる５～６月は大合唱となる。

成体

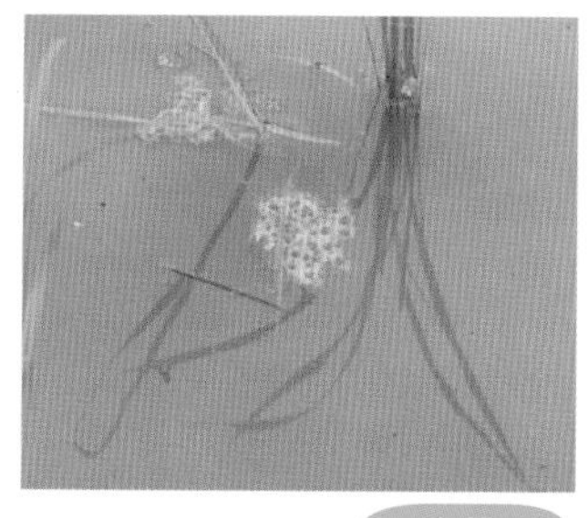

卵塊

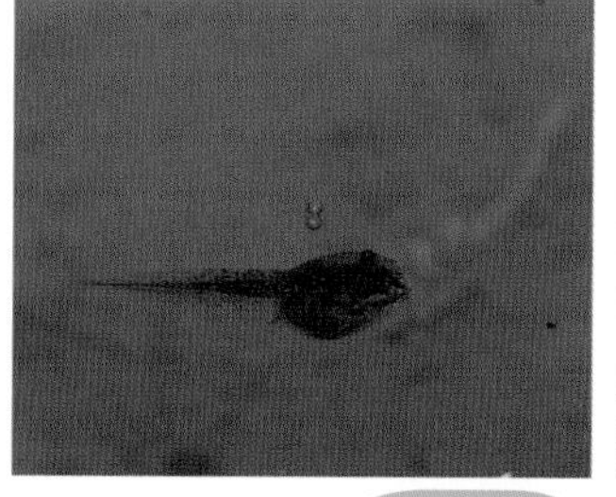

幼生

鳴いているオス成体

COLUMN

カエルの色変わり

半透明のアマガエル

青いアマガエル

時折新聞等で変わった色のカエルが紹介されることがある。例えば黄緑色が一般的なニホンアマガエルは水色をはじめに様々な色変わりが発見されている。筆者はカエルを見る機会が多く、今まで野生下でそれなりの数のカエルを見てきたが、色変わりのカエルを見つけたことはほとんどない。ところが、自宅周辺に水田を持ち、庭ではその水田で育ったカエルがたくさん見られる環境にお住まいのYさんが、色変わりのニホンアマガエルを幾度も発見している。偶然性もあるだろうが、Yさんご自身が色変わりのカエルに気づく「目」を持っておられると考える。

ここで紹介するニホンアマガエルはまずは部分的に黄緑色が残っている水色の個体、そしてピンク色の半透明で眼が黒く、内臓がやや透けている個体である。水色の個体は比較的全国的に見つかっているが、ピンク色の半透明は特に珍しいと考える。どうしてこのような色変わりが発生するか実例が少なく科学的には解明されていない。

アカガエル科アカガエル属

ニホンアカガエル

学名：*Rana japonica*

茶色の中型のカエルで、台地や丘陵地の人家に近い里地・里山の雑木林の林床、河川敷の湿地などに生息している。

一般的な産卵期は１～４月頃であるが、都幾川流域では２～３月頃に産卵する。湿田、湿地、浅い池沼、河川敷のわんど、小さな水たまりなどに産卵する。山地には生息せず、河川敷内の湿地のような不安定な環境にも適応するが、個体群の消長が激しく、乾燥化や産卵場所の消失などの生息環境の悪化の影響を受けやすい。

埼玉県では山地が中心の秩父地方には分布せず、入間地方や比企地方などの丘陵地より東側に分布している。よく似ている近縁のヤマアカガエルとは正反対の分布である。都幾川・槻川流域では中流・下流域の湿地などに生息しているが、分布の中心は都幾川と槻川の合流点より下流である。東松山市、小川町などの丘陵地ではヤマアカガエルと混生している生息地もある。県東部・南部の平地にも広く分布しているが、都市化の進行に加え、工業用地や道路造成など大規模開発によって生息域が縮小し急激に数を減らしている１種である。また、丘陵地では、産卵に適した水田の耕作放棄や農業形態の変化による湿田の消失がみられ、やはり減少傾向にある。

また、産卵環境や産卵期が似通っている、ヤマアカガエルやトウキョ

成体

抱接ペア

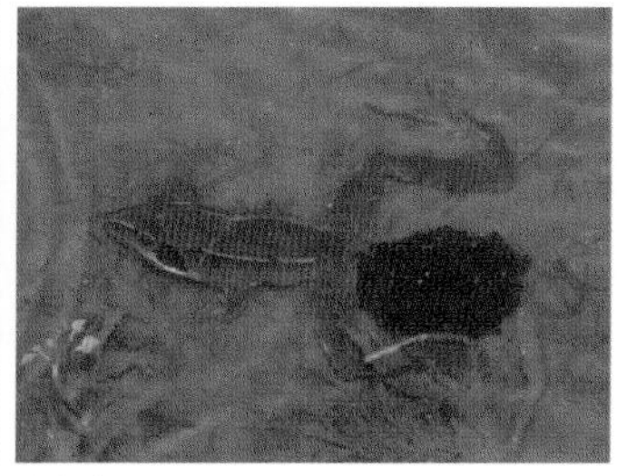
産卵中のメス

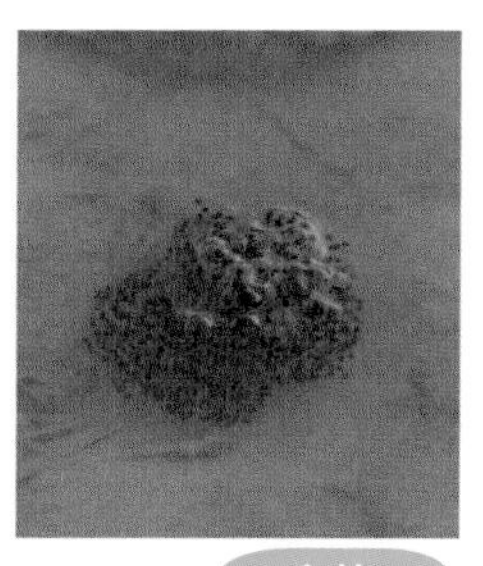
卵塊

ウサンショウウオと同様に外来種アライグマによる捕食被害がみられ、個体数減少の一因になっていると考えられる。

COLUMN
カエルやサンショウウオの新たな天敵アライグマ

アライグマは近年最も厄介な外来生物といえるかもしれない。果樹などの農作物被害にとどまらず、建物に侵入するなどの生活環境被害、野生動物に対する生態系被害など、多岐にわたる被害が全国的に広がった。埼玉県では全国的にみても早期に被害が発生し、旺盛な繁殖力もあり、分布が全県に拡大している。侵入起源は飼いきれなくなったペットの遺棄と考えられ、無責任な飼い主の身勝手な行動が招いた大きな社会問題といえるだろう。

農作物や生活環境被害は一般的にも知られているが、野生動物を捕食したり、生息地を奪うなどの生態系被害はなじみが薄いのではないだろうか。アライグマは果樹などをよく好むが、水生生物も好んで食べている。両生類がアライグマに狙われている憂慮すべき事態が全国各地で発生している。埼玉県内でも被害は発生し、希少なトウキョウサンショウウオ、ニホンアカガエル、ヤマアカガエルにとって脅威となっている。これら３種は早春が産卵期であり、本来ヘビなどの天敵が少ない季節の水辺へ集まる種である。産卵に集まった成体が襲われるため、次世代への引継ぎが困難になってしまう可能性がある。

早春は果樹などのアライグマが好む作物が少なく、カエルやサンショウウオが格好のターゲットとなってしまう。もともと存在しなかった天敵であり、無防備なまま餌食になってしまっている。手を洗うような前脚をこすり合わせる独特の行動で、水中のカエルやサンショウウオを巧みに捕獲し、徘徊し続ける行動が確認されている。

捕獲防除も行われているものの、旺盛な繁殖力と高い学習能力で追いつかず被害が沈静化する日は遠いと言わざるを得ない。筆者は希少なカエルやサンショウウオを守るため、捕獲だけでなく、アライグマの産卵場所への侵入を防ぐための保全対策を模索している。

アカガエル科アメリカアカガエル属

ウシガエル

学名 : *Lithobates catesbeianus*

日本最大のカエルで、大正時代に食用として持ち込まれた北米原産の外来種であり、「食用ガエル」の別名もある。おもに平地のため池や用水路、河川の堰堤などでみられ、成体は水中に浮かんでいることが多い。産卵期は5月から9月にかけてと長く、卵数が最大40,000個ほどになる粘性のあるシート状の卵塊を産むことから､強い繁殖力を持っている。また、よく響く重低音のオスの鳴き声は騒音公害になることもある。幼生期間は長く、孵化後から上陸するまで冬を越して1年以上かかることから、繁殖は水田では難しく、農業用ため池など池沼に依存している。

都幾川・槻川流域ではおもに農業用水が発達した下流域の水田周辺やため池が点在する丘陵地でみられるが、槻川の嵐山渓谷のように大きな渕があって流れが緩い河川にも定着している。

本種はかつて食用だけでなく実験動物としても利用されていたが、口に入るものは何でも食べるなど生態系被害の発生などから、現在では特定外来種に指定され販売や移動が厳しく制限されている。近年は農業用ため池の減少など、産卵に適した環境が減少していることから、以前ほどは見られなくなっている。

成体

卵塊

ヤマアカガエルに抱接されたウシガエル

COLUMN
越冬するオタマジャクシ

オタマジャクシがひと冬を越して翌年にカエルになる？といわれてもピンとくる人は少ないと思われる。アマガエルは成長が早く、5月ぐらいに生まれたオタマジャクシはだいたい7月ぐらいまでにカエルになって上陸してしまう。しかし、ツチガエルのオタマジャクシの生活史はアマガエルとは違い長期間にわたる。

6月から7月ぐらいに生まれたツチガエルのオタマジャクシは、翌年の9月から10月ぐらいまで1年あまり上陸せずオタマジャクシとして、水中生活を過ごすことがある。その間冬期間は干上がりと凍結を避けられるわんどなどで、じっとしているのでその間成長はしないが、盛夏に水中で上陸直前のオタマジャクシをみかける。まったくサイズが違う当年に生まれたオタマジャクシと同じ場所でみつかることがある。秋になると上陸後の子ガエルをみかけるが、夏の間の水中生活は、地上の暑さを避けてのことではないだろうか。

長期間オタマジャクシであることが、近年のツチガエルの減少につながっていることが考えられる。河川改修によってわんどや流れの少ない湧水の流れ込みが減り、圃場整備によって冬期間でも水が溜まっている土水路も水田の周りではほとんどみられなくなっている。アカハライモリも類似した環境を好み、埼玉県では両種とも大変厳しい状況下におかれている。

アカガエル科トノサマガエル属

トウキョウダルマガエル 学名：*Pelophylax porosus porosus*

一般にはトノサマガエルは比較的知られている種であるが、関東平野、東北地方の太平洋側、日本海側の新潟平野などではよく似た別種のトウキョウダルマガエルが生息している。したがって、埼玉県全域は本種の分布となる。

都幾川・槻川流域では上流部の山地を除き広域に分布し、特に平地の水田ではニホンアマガエルについでよく見かける種である。水田でみられるカエルとしては大きく、ジャンプ力も高いので存在感がある種である。

丘陵地から平地の水田と、周辺の水路や浅い池沼、河川敷の湿地などに生息し、水辺からほとんど離れない。産卵は水田の湛水期と重なる5～7月頃におこなわれ、産卵場所は水田にほぼ依存している。稲刈り直前から稲刈り後の水田では上陸直後の幼体を多数見かけることから、越冬場所もあまり移動せず水田周辺の地中が多いと推測される。

しかし近年は、道路新設、宅地、工業団地造成などの大規模開発によ

成体

る水田の減少、圃場整備による暗渠排水工事や用排水路のコンクリート化などの影響を受け、生息地が減少している。用排水路のコンクリート化は、吸盤がない上にジャンプ力が備わっていない幼体には、落下した際の脱出が困難となり、個体数の減少をまねく。

また、都幾川流域下流の平地に点在している二毛作水田でも減少していると考えられる。二毛作水田は、湛水期が麦を刈ったのちの６月以降と遅く、産卵期のピークとずれが生じ、産卵数の減少をもたらしている可能性がある。さらに夏場の中干しなどによる落水も上陸前の幼生の死亡につながり、農事暦の変化が個体数減少の原因となっている可能性がある。

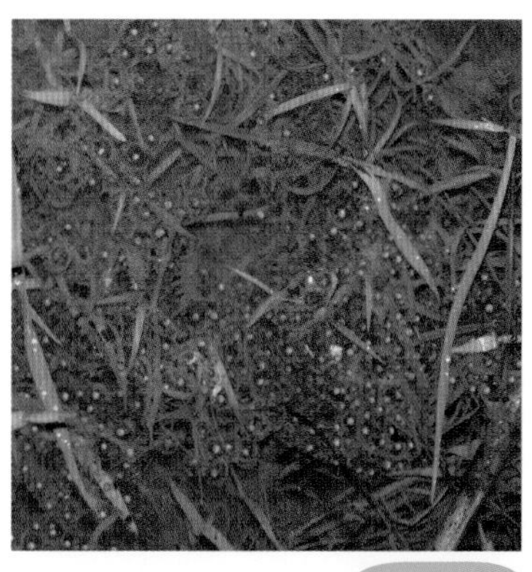

卵塊

幼体

水田で鳴いているオス

ヌマガエル科ヌマガエル属

ヌマガエル

学名：*Fejervarya kawamurai*

おもに平地の水田周辺に生息している。産卵期は5～7月頃で、アマガエルのように小さな卵塊を何度も分けて産卵する。高温、乾燥に強いだけでなく、成長も早く、圃場整備された近代的な水田にも適応している種である。

在来としては静岡県以西の西日本に分布し、埼玉県では21世紀初めごろに利根川流域、荒川流域に国内外来種として確認され、近年では関東地方全域で急速に分布を拡大している。都幾川流域では2013年に小川町で確認されたのを皮切りに次々と確認され、東秩父村やときがわ町にまで分布を拡大し、次々と確認地点が増えている。

急速な分布拡大の要因は、用水路が増水した際の拡散、自らの移動による拡散だけでなく、プランターなど植栽の土中に潜り込み、人為的な移動による拡散も考えられる。近年埼玉県内では農事暦の変化により、田植え時期が6月以降に繰り下がる傾向が見られ、本種の繁殖に適している時期に合致している。さらに旺盛な繁殖力と相まって分布拡大が続いている状況である。

成体

幼生

幼体

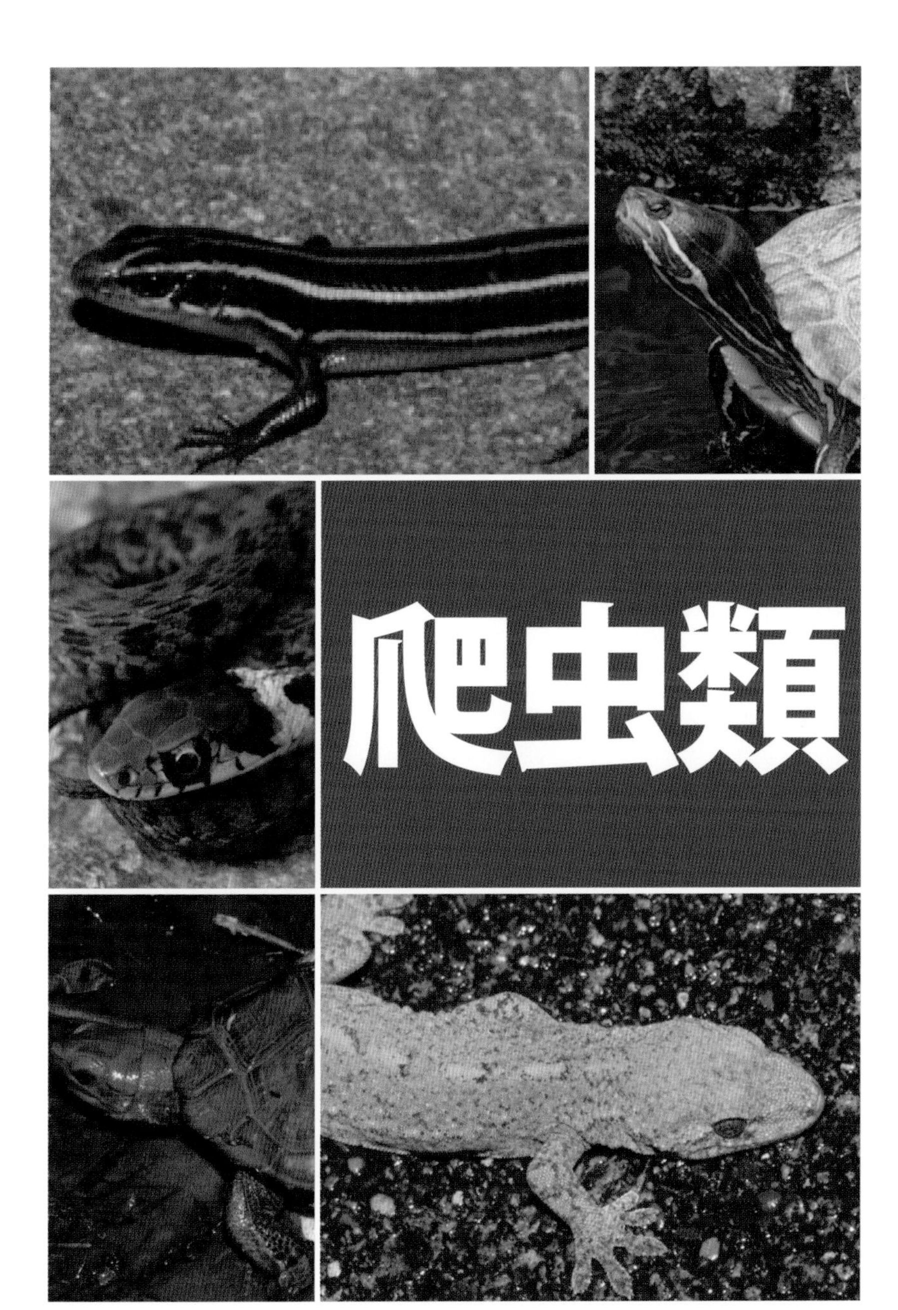
爬虫類

トカゲ科トカゲ属

ヒガシニホントカゲ

学名：*Plestiodon finitimus*

平地から山地まで広く生息し、林地や河川敷などの湿気のある場所と日光浴のできる日当たりのよい場所が双方揃っている場所をよく好む。岩の隙間などを巣穴にし、寺社の石垣など生息条件が整っている場所があれば、都市部の住宅地などでも見られる。昼行性で動きは俊敏で、昆虫やクモ類などを餌とする。幼体は光沢の強い黒色に黄金色の縞模様が入り、尾がメタリックブルーの派手な色彩であるが、成長すると光沢はあるが地味な茶色に色彩が変化する。一般には幼体はなじみがあり、見かけるのは大半が幼体であることが多いが、成体は警戒心が強く見かける機会は少ない。

埼玉県内は減少傾向にあるが、都幾川・槻川流域では好む環境が多く広がり、身近な爬虫類としてふつうに見られる。

かつてはニホントカゲとされていたが、2012年に新種記載された。

成体

幼体

カナヘビ科カナヘビ属

ニホンカナヘビ

学名：*Takydromus tachydromoides*

　名前に「ヘビ」とついているが、トカゲの仲間である。尾が長いのが特徴で、開けた草地を好み、山地から平地まで広く分布し、最もふつうに見かける身近な爬虫類である。都市環境でも大型の緑地公園や面積の広い大学キャンパスなどでは見かけるが、里地・里山の草地や畑などが本来の生息環境である。繁殖期は春先から夏にかけてと長く、草の根元などに卵を２〜６個ほど数回産卵する。

　都幾川・槻川流域でも上流から下流まで広域に生息していると考えられ、草地が発達した河川敷、公園緑地、水田の畦など様々な環境でみかける。学校の校庭でも見られることから、子どもたちにもおなじみの生きものといえる。

成体

幼体

ナミヘビ科ナメラ属

シマヘビ

学名：*Elaphe quadrivirgata*

平地から山地まで広くに生息しているが、おもに平地で見られる。カエル類、トカゲ類、ネズミ類、鳥類などさまざまな脊椎動物を餌とし、昼行性で水田や池沼などの水辺をよく好む。動きは俊敏で、木登りも上手い。無毒だが攻撃的で、頭を三角形にして威嚇したり、咬みついてくることもある。アオダイショウに次ぐ体サイズになり、全身が真っ黒になる黒化型も存在するが、埼玉県では稀に秩父地方で確認されるのみである。

日本国内では最もふつうに見られるヘビであるが、埼玉県ではあまりみかけない。都幾川・槻川流域でも個体数は少ないと推測される。ヤマカガシと生息地や餌資源が競合することや、さらに水田の減少など生息場所が狭められていることも減少要因になっている。

成体

幼蛇

やや黒っぽい個体

ナミヘビ科ナメラ属

アオダイショウ

学名：*Elaphe climacophora*

埼玉県内では平地から山地まで広く生息し、近年は開発の進んだ都市部では減少傾向にある。都幾川・槻川流域ではほぼ全域に分布していると考えられる。山地でも見られるが、住宅地など人の住環境にも適応し、人目に触れることが多いヘビである。

木登りが上手く、樹上の鳥の巣を襲ったり、人家の屋根裏に入りこんでネズミなどを襲ったりもする。大型になり、最大2メートルになるものもある。幼蛇のころは銭形模様があり、毒蛇のマムシに間違われることがある。

成体

幼蛇

ナミヘビ科ヒバカリ属

ヒバカリ

学名：*Hebius vibakari vibakari*

全長最大60cmほどの小型で、スリムな体つきと茶色の地味な色彩で目立たないヘビである。低地から山地まで広く生息しているが、丘陵地でよく見られる。餌はカエル類、魚類、ミミズ類で、水田や河川敷など水辺をよく好む。食欲は旺盛で、アズマヒキガエルやヤマアカガエルのように多くの幼生が集合している水たまりなどでは、水中に潜って次々と幼生を捕えて食べていることがある。「ヒバカリ」という和名の由来は、「咬まれたらその日ばかりで死んでしまう」との説があるが、無毒でとてもおとなしく、寿命も短い種である。

都幾川・槻川流域では比較的ふつうに見られるが、カエルなどの餌が多い水田や河川敷が主な生息場所である。

成体

ニホンアマガエル幼生を捕食する成体

シュレーゲルカエルを捕食する成体

ナミヘビ科ヤマカガシ属

ヤマカガシ

学名：*Rhabdophis tigrinus*

かつては無毒ヘビとされていたが、稀に発生する事故がニュースになるなど強力な毒を持つヘビである。平地から山地まで広く生息するが、おもに低山から丘陵地でみられる。昼行性で水田、河川敷、林地などさまざまな環境に適応し、水辺の周辺で見かけることが多い。餌はカエル類と魚類で、特にカエル類をよく好み、大型のヒキガエルまで丸呑みしてしまう。咬まれると危険なヘビであるが、本来はおとなしく滅多に咬むことはない。動きは俊敏で、近づいても警戒心が強く逃げてしまうことが多い。色彩も変化に富み、幼体は首の付け根に黄色い模様があるのが特徴である。

都幾川・槻川流域では最もふつうに見られる種で、カエルなどの餌が多い水田や河川敷ではよく見かけ、渡河していることもある。

成体

幼蛇

川を泳ぐ様子

クサリヘビ科マムシ属

ニホンマムシ

学名：*Gloydius blomhoffii*

強力な毒を持ち、日本を代表する毒ヘビとしてよく知られている。平地から山地まで広く見られ、林地、水田、河川敷など様々な環境に適応している。咬まれると危険なヘビであるが、おとなしく動きも緩やかである。ネズミやカエル類など小型の脊椎動物を好み、卵を産まず子ヘビを産む胎生である。また、主に夜間に活動し、湿地や河川などの水辺周辺を好む種である。

都幾川流域ではよく見られ、槻川流域を含め中流域の丘陵地が主な生息域である。河川敷では日光浴していたり、時には渡河していることもある。また、餌のカエルが多く集まる水田でもよく見られる。

滋養強壮の効果があるとされ、焼酎漬けや食用とされることがあるが、動物愛護管理法により生きたままの移動は都道府県知事の許可が必要である。安易に捕獲したり移動させることは慎むべきである。

成体

幼蛇

水田にあらわれた成体

COLUMN

各地に見られる独特なマムシ注意の看板

ナミヘビ科ジムグリ属

ジムグリ

学名：*Euprepiophis conspicillatus*

埼玉県では平地から山地まで広く分布しているが、近年平地での記録は稀になっている。都幾川・槻川流域ではほぼ全域に分布していると考えられる。林地にすみ､開けた場所ではあまり見かけない。暑さに弱く、夏は活動が低下する。主にネズミなどの小型哺乳類を餌とする。

「地潜り」の名は土中や石の下に隠れていることを好むことが由来である。幼蛇は赤みが強く、黒い斑紋がある。成蛇はやや明るい茶色一色となり、腹側は市松模様になるのが特徴である。

成体

幼蛇

ナミヘビ科マダラヘビ属

シロマダラ

学名：*Dinodon orientale*

埼玉県内では平地から山地まで広くに分布しているが、県東部、南部の記録はかなり限定される。都幾川・槻川流域ではほぼ全域に分布していると考えられる。

夜行性で、朽木や石の下などに潜むことが多く、目撃する機会は稀である。背面は灰色から灰褐色で黒色の横帯が縞状に並ぶのが特徴で、アオダイショウの幼蛇や外国産のヘビと間違われることがある。餌は小型の爬虫類に限定され、トカゲ・カナヘビ・幼蛇などを食べる。

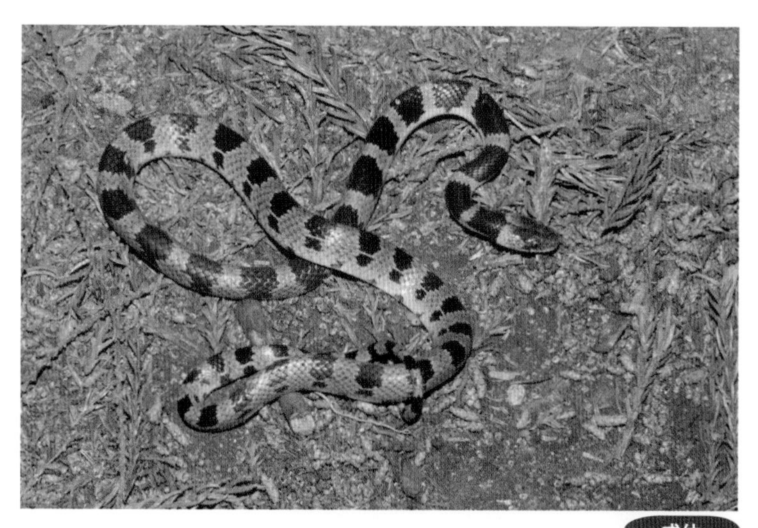

成体

幼蛇

タカチホヘビ科タカチホヘビ属

タカチホヘビ

学名：*Achalinus spinalis*

埼玉県では平地が広がる県東部・南部を除く山地や丘陵地に生息している。都幾川・槻川流域は低山・丘陵地が連続し、本種の生息に適している環境が広域に存在している。

やや湿った林地の倒木や石の下などにすみ、ミミズを餌とする。鱗は真珠光沢があり、タイル貼り状で重ならないので皮膚は裸出し乾燥に弱い。小型で大人しいヘビであり、夜行性であまり活動的でないため、存在はあまり知られることもなく、目にすることは少ない。幼蛇は黒っぽい色をしているが、成長したメスは黄色っぽくなる。

成体

幼蛇

ヤモリ科ヤモリ属

ニホンヤモリ

学名：*Gekko japonicus*

戦前から生息確認されているが、戦後しばらくは見られなくなったと埼玉県動物誌は記述されている。しかし､近年埼玉県では分布を拡大し、2014 年におこなった調査では、山地を除く県内広くに生息していることが分かった。都幾川・槻川流域でもふつうに見られるようになった種である。郊外だけでなく、都市化著しい県南部の市街地でもふつうに見られる。埼玉県は移入分布と考えられるが、時代や経緯は不明である。ヒトの生活圏の拡大や物流は分布拡大の要因であろう。

住宅地や緑地など様々な環境に適応し、樹洞や建物の隙間を棲み家とし、街灯に集まる昆虫などを餌にしている。夜間、建物のガラス窓や壁に張り付いている姿は人目につきやすいことから、身近な爬虫類の一種となっている。

成体

幼体

イシガメ科イシガメ属

クサガメ

学名：*Mauremys reevesii*

埼玉県内では平地から丘陵地の池や沼、流れの緩い河川や水路などで見られるが、東部・南部での記録が中心である。都幾川・槻川流域では下流域を中心に分布していると考えられる。

幼体はゼニガメと呼ばれ、ペットとして広く流通されている。丈夫で長寿であり、人によく慣れる。

近年まで在来種とされていたが、本種に関する最新の研究で、江戸時代後期に朝鮮半島から九州地方北部へ移入され、関東地方へは明治期以降の移入であると2010年に発表されている。

成体

幼体

イシガメ科イシガメ属

ニホンイシガメ

学名：*Mauremys japonica*

埼玉県内では平地から丘陵地の池や沼、流れの緩い河川や水路などで見られるが、記録が少なく、まとまって見られる生息地は確認できていない。都幾川・槻川流域では中・下流域を中心に分布していると考えられるが、記録はほとんどない。

本種の分布の中心は西日本で、その生息地と比較すると都幾川・槻川中流域は生息に適した環境に類似しているが、生息情報はわずかである。

成体

スッポン科スッポン属

ニホンスッポン

学名：*Pelodiscus sinensis*

埼玉県内の分布は平地から低山地での記録があるが、散発的で多くはないと考えられる。都幾川・槻川流域では下流域を中心に分布している。河川の中・下流部、流れの緩やかな水路、大型の池や沼などに生息している。全国各地で養殖がおこなわれているため、養殖場からの逸出や廃業による遺棄が由来の個体も存在すると考えられ、在来か移入かの区別が難しい。

亜成体

ヌマガメ科アカミミガメ属

ミシシッピアカミミガメ

学名：*Trachemys scripta elegans*

北中米原産の外来種で、埼玉県内でも平地から丘陵地に広く分布している。都幾川・槻川流域では下流域を中心に分布している。水質汚濁に強く、河川の中・下流域、コンクリート護岸の都市河川、農業用ため池、公園の池など多様な環境に適応し、最もふつうに見られるカメになっている。

雑食性で何でも食べ、頭部の両脇にみられる赤い斑模様が特徴で、孵化後間もない幼体は「ミドリガメ」の通称で安価で売られ、飼いきれず遺棄されるなどペット問題となっている。

成体

幼体

あとがきに換えて

小さな自然

都幾川流域の自然は規模の小さな自然である。川の流量や流域面積、人の関与の強さや改変の程度、強い水利用の影響、生息する生物の数など、挙げれば自然の規模の小ささを示す要素は数多くある。でも多様性という視点で見れば誇れるものであることが、この本の読者に伝えられたらと思う。どこでも生物の多様性はいくつもの小さな自然の上に成り立っており、これらは非常に脆く脆弱な存在なのだ。都市近郊に残された自然、それも最小限な自然が都幾川流域の自然なのだ。

この本には私達が見て確かめられた流域の生き物たちを、私達の思いで記述した。そこには残された自然という言葉が当てはまり、時にはその上に「いつまで残せるか…」との思いを上書きする必要性の高い自然の多いことが痛感させられた。人々の生活は時とともに変わり、農業を始めとして流域の産業も変わっていく。でも、流域に暮らすことは、流域に飲み水や生活用水などの水資源を依存することであり、永続性のある暮らしをしなければ、流域の水資源は維持することはできない。この本では水辺の生物をサカナ、カエル、ヘビなどを通じて紹介するように努めた。これらの生物が生息する小さな自然が末長く維持されていくことを願うものだ。

都幾川流域の自然は今後も維持されるだろうか。そのままにして守れるものはないと断言できる。ならば都幾川の豊かな生物相をどうやったら保全できるだろうか。現在の里山的要素を残しつつ、その場所ごとに保全する目標を定めて、それに向けて河川環境の維持、改善を計画しなければならないだろう。しかし、それを担える人がいるだろうか。この本は今後の都幾川流域の自然を保つ提案を私達から読者の方々にしたつもりである。

2020年1月10日

本書刊行にあたり様々な方にご助力をいただきました。なかでも伊藤一雄、岩浪創、小林健二、近藤昇・京子夫妻、橋本健一、二場恵美子、三浦一輝、安谷淳信、山本悦男・実穂夫妻には心より感謝申し上げます。（敬称略）

参考・引用文献

◆魚類

福嶋義一（1991） 越辺川本流の魚類 越辺川 鳩山町中央公民館 71-110
福嶋義一（2008）越生町の魚類・円口類 越生町史自然編 越生の自然 250-260
Hosoya,K., H.Ashiwa, M. Watanabe, K. Mizuguchi, T. Okazaki,（2003）Zacco sieboldii a species distinct from Zacco temminckii（Cyprinidae）Ichthyological Research 50:1-8
金沢 光（1991）埼玉県に生息する魚類の総括的知見 埼玉県水産試験場研究報告 第 50 号 92-138
金沢 光 田中繁雄 山口光太郎（1997）埼玉県の生息魚類の分布について 埼玉県水産試験場研究報告 第 55 号 62-106
金沢 光（2014）埼玉県に生息する魚類の生息状況について 埼玉県環境科学国際センター報 14 号 95-106
環境省自然環境局野生生物課希少種保全推進室編（2015）レッドデータブック 2014 日本の絶滅のおそれのある野生生物 4 汽水・淡水魚類 414pp ぎょうせい 東京
環境庁編（1982）第 2 回 自然環境保全基礎調査（緑の国勢調査）動物分布調査（淡水魚類）報告書 日本の重要な淡水魚類 南関東版 埼玉県 1-29
川那部浩哉・水野信彦 編（1989）日本の淡水魚 山と渓谷社 719pp 東京
毎日新聞社さいたま支局（2001）さいたま動物記 毎日新聞社 205pp 東京
三浦一輝・泉 北斗（2016）埼玉県都幾川より取水される農業水路を利用する淡水魚類 埼玉県立自然の博物館研究報告 №.10.31-36
中村守純（1955） 関東平野に繁殖した移殖魚 日本生物地理学会報 16-19: 333-337p
中村守純（1963） 原色淡水魚類検索図鑑 260pp 北隆館 東京
中村守純（1969） 日本のコイ科魚類 445pp 資源科学研究所 東京
中坊徹次 編（2013）日本産魚類検索 全種の同定 第三版 東海大学出版会 コイ目コイ科 308-327
中嶋 淳・内山りゅう 日本のドジョウ 山と渓谷社 223pp 東京
嵐山町（2003）川の中の動物 嵐山町博物誌編さん委員会 112-121 嵐山町
埼玉県環境部みどり自然課編（2008）埼玉県レッドデータブック動物編 2008 埼玉県環境部みどり自然課
埼玉県環境部みどり自然課編（2018）埼玉県レッドデータブック動物編 2018（第 4 版）埼玉県環境部みどり自然課
埼玉県動物誌研修委員会編（1978）埼玉県動物誌 埼玉県教育委員会
斉藤裕也（2002）群馬県と埼玉県におけるスナヤツメの分布 Figld Biologist 12.1 1-8 群馬野外生物学会誌
斉藤裕也（2019）都幾川・越辺川流域のカワムツ・ヌマムツの記録について 埼玉県立川の博物館紀要 19 号 19-20
斉藤裕也 編（2018）埼玉の淡水魚図鑑 159pp さわらび舎 蕨市
渡辺昌和（1990）荒川水系越辺川の淡水魚 日本の生物 1990.7 6-11
渡辺昌和（2000）魚の目から見た越辺川 まつやま書房 160 pp 東松山市

◆両生類・爬虫類

藤田宏之（2019）荒川・利根川支流域における国内外来種ヌマガエルの分布拡大，埼玉県立川の博物館紀要（19）．

疋田　努・鈴木　大（2010）江戸本草書から推定される日本産クサガメの移入，爬虫両棲類学会報 2010(1)．

環境省自然環境局野生生物課希少種保全推進室編（2014）レッドデータブック 2014　日本の絶滅のおそれある野生生物 3 爬虫類・両生類，ぎょうせい，東京．

草野　保・川上　洋一（1999）トウキョウサンショウウオは生き残れるか？，トウキョウサンショウウオ研究会，東京．

草野　保・川上　洋一・御手洗　望（2014）トウキョウサンショウウオ：この 10 年間の変遷，トウキョウサンショウウオ研究会，東京．

九州両生爬虫類研究会編（2019）九州・奄美・沖縄の両生爬虫類，東海大学出版部，神奈川．

前田憲男・松井正文（1999）改訂・日本カエル図鑑，文一総合出版，東京．

松井正文編（2017）これからの爬虫類学，裳華房，東京．

松井正文編（2005）これからの両棲類学，裳華房，東京．

松井正文・前田憲男（2018）日本カエル大鑑，文一総合出版，東京．

松井正文・関慎太郎（2016）日本のカエル　分類と生活史，誠文堂新光社，東京．

小川町編（2000）小川町の自然　動物編，小川町．

越生町教育委員会編（2008）越生町史自然史編　越生の自然，越生町．

Okamiya, H., Sugawara, H., Nagano, M., & Poyarkov, N. A.（2018）An integrative taxonomic analysis reveals a new species of lotic Hynobius salamander from Japan，PeerJ, 6(6), e5084-40.

Okamoto, T. & Hikida, T. (2012)　A new cryptic species allied to Plestiodon japonicus (Peters, 1864) (Squamata: Scincidae) from eastern Japan, and diagnoses of the new species and two parapatric congeners based on morphology and DNA barcode，Zootaxa(3436)1-23.

嵐山町博物誌編さん委員会編（1998）嵐山町博物誌調査報告　第 3 集，嵐山町教育委員会．

嵐山町博物誌編さん委員会編（2003）嵐山町博物誌　第 1 巻　嵐山町の動物　ＲＡＮＺＡＮアニマリア，嵐山町．

埼玉県動物誌研修委員会編（1978）埼玉県動物誌，埼玉県教育委員会．

埼玉県環境部みどり自然課編（2008）埼玉県レッドデータブック動物編 2008，埼玉県環境部みどり自然課．

埼玉県環境部みどり自然課編（2018）埼玉県レッドデータブック動物編 2018（第 4 版），埼玉県環境部みどり自然課．

埼玉県立自然史博物館編（1990）埼玉の希少動物　天然記念物基礎調査報告書，埼玉県教育委員会．

千石正一・疋田　努・松井正文・仲谷一宏編・日高敏隆監修（1996）日本動物大百科 5 両生類・爬虫類・軟骨魚類，平凡社，東京．

関　礼子（2012）檜枝岐の山椒魚漁，福島県檜枝岐村教育委員会．

Yoshimura, Y. and E. Kasuya (2013) Odorous and Non-Fatal Skin Secretion of Adult Wrinkled Frog (Rana rugosa) Is Effective in Avoiding Predation by Snakes, PLoS ONE　DOI: 10.1371/journal.pone.0081280.

和名・索引

◆凡例
魚 ……魚類
両 ……両生類
爬 ……爬虫類

著者略歴

斉藤 裕也 （さいとう　ゆうや）

1953年 横浜市生まれ 北里大学水産学部卒。

環境調査会社で主に関東・東北地方の河川・湖沼・海域の生物を調べる調査業務に従事。ヤリタナゴ個体群の保全を行う「ヤリタナゴ調査会」、利根川のサケの調査を行う「南限のサケを育む会」、都幾川流域の水生生物を調べる「比企・奥武蔵陸水生物調査会」などの会を率いている。

環境省地域環境保全功労者表彰（平成18年）を受けた。群馬県レッドデータブック（2012）の魚類を執筆。河川生物全般、特にサケ科魚類やタナゴ個体群の保全活動を行う。著書に『日本の淡水魚』（山と渓谷社 共著）『埼玉の淡水魚図鑑』（さわらび舎 共著）がある。

藤田 宏之 （ふじた　ひろゆき）

1969年生まれ 兵庫教育大学学校教育研究科修士課程修了。

民間企業勤務後、2008年より埼玉県立川の博物館学芸員を務める。両生類の保全、外来種問題、地方自然史などを専門にしている。埼玉県絶滅危惧動物種調査団員、環境省希少野生動植物保護推進員を委嘱されている。兵庫県神戸市の「兵庫・水辺ネットワーク」にて動植物調査や生息環境保全に関わる市民活動を始め、近年の主な活動として、行政・学校・公共施設・一般市民と連携して減少著しいサンショウウオ類の保全に努めている。

埼玉県レッドデータブック動物編2018の爬虫類ならびに両生類を執筆、著書に『新・ポケット版　学研の図鑑⑰　爬虫類・両生類』（学研プラス　共著）、『九州・奄美・沖縄の両生爬虫類』（東海大学出版部　共著）がある。

埼玉の里川

都幾川の生きものたち

魚類・両生類・爬虫類の自然誌

2020年2月10日　初版第一刷発行
著　者　斉藤裕也　藤田宏之
発行者　山本　正史
印　刷　恵友印刷株式会社
発行所　まつやま書房
〒355－0017　埼玉県東松山市松葉町3－2－5
Tel.0493－22－4162　Fax.0493－22－4460
郵便振替　00190－3－70394
URL:http://www.matsuyama－syobou.com/

ISBN 978-4-89623-125-0　C0045